女力！

微型創業必修心法

投入小資本，創造屬於自己的事業版圖

周怡君◎著

認真學習並且落實執行，
讓人刮目相看。

房產達人／財商講師　**王派宏**

KiKi 與我認識近九年，她是一位集耐力、實力、執行力、美力於一身的優秀女性，非本科系的她，從赤手空拳到成功在新竹經營百坪美甲旗鑑店，早該出書了。

KiKi 在高中時就與朋友合夥，二十歲出頭又獨資開店，而且還能體會媽媽的辛苦，幫媽媽付房子的頭期款，真的非常不簡單，加上她來上財商課程時，總是很認真聽講，並且落實執行，更讓人刮目相看。

很高興 KiKi 新書出版，這本書除了有她的成功故事外，更不藏私的是她將「如何從完全不會一門技巧，到開店，經營，管理，客戶服務」一一道出，這麼棒的書，不推薦對不起大家！

為創業指引一個最棒的成功方向

薈芙美學集團執行長　賴薇安

個人創業要成功容易；領導一個團隊創業要成功，就非常的困難。

一個技術店家經歷過 10 年以上市場的考驗，還能屹立不搖處於指標性店家的地位，這已經絕非是單純技術頂尖就能達到的。必須領導、管理、服務、技術兼備，並且必須跟上時代潮流，不斷的創新進步！

認識夢芙團隊領導人 KiKi 已經很多年，KiKi 就是一位這樣成功的創業家！

KiKi 是一位思想獨到且樂於分享的成功創業家，這本書絕對能給想創業、即將創業，甚至正在創業路上努力的人，指引一個最棒的成功方向。前往成功的道路上，方法對了就能少走一些冤枉路，強力推薦這本書給想成功創業的人，相信閱讀後一定會有滿滿的收穫！

創業的路上共勉

得來素蔬食連鎖 共同創辦人　**關登元**

.

同為微型創業起家，KiKi 從高中就開始當老闆的故事，很令人動容，比較不一樣的是，身為一個女性創業者，要同時擔負開拓事業、家庭間的平衡，是一件相當不容易的事情。

KiKi 將她十幾年的創業心得，無私的分享給更多想要創業，或者已經在創業的朋友，這些都是她的親身經歷，藉由她的書，能夠讓我們知道，怎麼去面對「創業」這件事，也更了解其中的甘苦。

誠摯的推薦這本書，創業的路上共勉。

有夢有未來，有希望

OPI 執行董事　SUSU

這是一本值得細讀的書，有夢有未來，有希望。

人生的起、承、轉、合，是一本甘苦談劇本，如何下筆？這是多麼難起筆，但我們每天在為自己的劇本加碼演出，或更改下一片刻，讓精采的劇本更生動、更多掌聲。

KiKi 老師這本書，寫的是身為女人，要為自己的人生劇本熱情演繹。美麗的人生是需要夢想、勇氣、堅持、努力，一生懸命（全心全力，盡心盡力）。

工作、家庭、人際關係，都有喜、怒、哀、樂。如何在工作中找到目標、找到希望？如何在家庭中找到幸福、找到愛？讓 KiKi 老師告訴你，只要用心，幸福就會跟隨。生活中的起起落落都是人生經驗，都是經典隨記。要真心體驗人生，就不會交白卷。

讓這本精心策畫的書～帶給每位智慧視野。

選擇你所愛的，愛你所選擇的

大家好！

七年前就有朋友鼓勵我出書，但擔心自己的經驗和故事不足以幫助大家，才遲遲沒有出，現在時機成熟，終於出書了，很開心，希望分享自己的一點點小經驗能幫助到大家。（七年來，我仍然在事業／家庭／生活各方面繼續努力著，讓自己不斷保持一顆歸零學習的心。）

我生在單親家庭，媽媽是泰雅族的原住民，從母姓，小時候是被外公外婆帶大的，從小叛逆又調皮，阿公阿嬤說，我 3 歲時就玩水果刀，把自己的手割到滿手鮮血，6 歲騎腳踏車去撞電線桿，整個眼睛腫到不行，8 歲帶著表妹去廟裡玩蠟燭，蠟燭滴到整個頭髮都是，9 歲在家玩火，把阿嬤家的床都燒起來了，10 歲去好朋友家玩水，把充氣游泳池放在客廳，之後導致整個客廳淹水……總之非常調皮，國小五年級更壞了，在學校跟同學打架，蹺課、蹺家……。

　　我非常有主見，個性很硬，想做什麼就想做，家人管不動，讓家人總是煩惱又擔心。也可能是因為這樣，養成我獨立自主好奇的個性，讓自己很早發現自己的天賦和興趣。

　　我從小就愛美，國中時因為校服不美，上課不久就換了一所學校；高中時也因為不想升旗曬太陽（怕臉曬出斑）而休學；別人省餐費去吃喝玩樂，我則是把餐費省下來，拿去買保養品及學習美甲課程。

　　因為太愛美了，所以才可以做美的行業做這麼久，心甘情願的去做一切自己發自內心喜歡的事情，一切所學的也都會很認真的去努力實踐，一一突破難關，堅持樂觀不放棄的個性。

　　感謝自己生長在原住民家庭，家庭給予開放自由快樂幸福的，選擇我所愛，愛我所選擇。

KiKi 周怡君

目錄

CHAPTER I

有付出才有收穫，十萬元換來人生第一桶金

對於「美」的熱愛與執著，讓我有了夢想 / 019

自己決定的未來就不要怕苦，要執著 / 023

十萬元創業檳榔攤，高中生老闆娘誕生 / 026

樹大招風引來黑道開槍，卻是人生的轉機 / 029

接觸美甲，選定方向全速前進 / 031

精打細算，學費要花就得有效益！ / 033

建立客戶信心，透過口碑讓業績滿滿 / 036

堅持信念，誠信待人，廣結善緣 / 039

第一家店，奠定美甲天后的基礎 / 041

不要怕不會，只怕沒機會 / 044

傻人有傻福？還是膽大心細？ / 046

勇敢投資自己，擁有一技之長才是贏家 / 048

CHAPTER 2

技術為王

寧願免費做指甲，也要了解客戶深入客戶 / 057

積極面對挑戰，快速排除負能量 / 060

要能獨立思考，擁有一技之長 / 063

掌握趨勢浪頭，逆轉勝更容易 / 067

借力使力不費力，在大平台上讓小小的自己被看見 / 070

學會商業談判「交換資源」，讓自己多曝光 / 073

經營自己就是經營事業；經營人生的信念：幸福美滿！/ 075

女性要如何藉創業勝出一片天？/ 077

CHAPTER 3

對的行銷，讓客戶一直來

展店風格系統化，設定品牌形象 / 085

塑造店家風格，打出時尚感的黑白金品牌 / 088

從見多識廣到落點分析，了解實戰跟理論派的差異 / 090

不能衝動創業，經營管理要想清楚、按步來 / 094

管人理事不容易，會做人比會做事重要 / 096

個人賺錢簡單，財務控管卻成難題 / 099

平台共同合作，邀請合作夥伴 / 102

把客人當朋友，知道各種客戶層在意的是什麼 / 104

利用行銷管理軟體，建立尊榮會員資料庫 / 106

彼此尊重與良性溝通，奧客？服務至上？/ 112

提升自己才能遇見優質顧客，創造每一次的專業服務 / 115

網路行銷是趨勢，行銷方案變得多樣化 / 117

行銷系統化，從此不再亂槍打鳥 / 122

CHAPTER 4

團隊一起成功的秘密

想展店就要找夥伴,複製技術也要複製心態 / 129

和團隊一起成長,從簡單管理到拓展系統 / 133

要讓團隊有共識、有能量才會有動力 / 138

培養員工好習慣,自我成長經營自己 / 141

有人有是非,要有共識和溝通 / 144

員工愛抱怨,老闆不用親自上火線 / 147

分享學習的快樂,協助別人就是成長自己 / 150

CHAPTER 5

自我管理,是創業者的必修課程

創業是幻想?還是接二連三的夢想? / 157

信念創造實像,積極突破困境才能財源滾滾 / 161

把自己所想到的,一一執行絕不拖拉 / 165

有效管理時間,才能有效管理生活與事業 / 168

徹底落實斷捨離,才能朝夢想前進 / 171

蒐集資訊,善於經營自己 / 173

累積美感,建立個人品味與風格 / 176

吃大餐、去旅遊,對自己好一點也算一種投資 / 178

CHAPTER 6

創意者創業時，該有經營觀念

長期在前線接觸客戶，培養趨勢敏感度 / 185

創意結合實務，培養正確理財觀念 / 188

什麼是資產？什麼是負債？ / 191

借貸原則與金流的條件，保持良好信用關係 / 194

有錢的時候才要借貸，增加自己周轉的緩衝區 / 197

創意者不能單打獨鬥，要懂得將心比心經營團隊 / 200

人心難測，最怕遇上違約糾紛 / 204

害人之心不可有，防人之心不可無 / 209

跨行投資要小心！沒賺錢還難脫手 / 211

勇於嘗試新趨勢 隨時迎接變動性 / 213

價格取決於價值，專業是值得付費的 / 216

BONUS

特別收錄

微創迷思 Q&A / 223

CHAPTER I

有付出才有收穫，
十萬元換來人生第一桶金

我不怕苦不怕痛，卻怕生命被壓抑。

人的生命中，

就應該要有對事物的熱愛、像孩子一樣的天真，

以及勇於嘗試不怕苦的勇氣。

對於「美」的熱愛與執著
讓我有了夢想

演講時，我經常被問到：「創業的路很辛苦，你不怕苦嗎？」我跟她們分享了自己的一個故事。

小時候，家中有許多玻璃酒瓶，只要將空酒瓶拿到雜貨店，一個瓶子可以換得四元。

有一天，我替家人將酒瓶拿去換時，一不小心跌倒，手背瞬間血流如注，傷口深到可以見骨，我怕家人擔心，先躲起來用衛生紙把傷口蓋住，當時用掉快一包的衛生紙，接著就跑去同學家待著，不敢回家，因為我怕家人擔心。撐了幾小時後瞞不住了，才跟家人去醫院。

大家聽了，都說我太固執、鑽牛角尖。

是的，對於傷口我不怕痛，對於想要做的事情，我也不怕

苦，我就是很堅持、很執著。

我的堅持與執著，常與「美」有關。到了國中，更是展現得非常徹底。

國中的我，曾經換過幾所學校。

不喜歡第一所學校的原因是「制服好醜」。註冊後穿了幾天制服，就無法忍受而蹺課，媽媽於是無奈的幫我轉學。半年後，我因為跟同學發生糾紛，大家以訛傳訛，說我是小太妹，就被退學了。幾番波折，我轉學到第三家國中，這次終於順利讀到畢業。

順利升上高中後，我卻只讀了半學期。家人都很納悶，而我也只是對媽媽輕描淡寫的說：「我不喜歡升旗的時候要曬太陽。」現在想起來，不論是因為制服太醜不想穿，或是不喜歡被太陽曬黑，或許都是因為愛美而來的任性。

從小，我就非常愛美。看著自己的小雀斑，就想要讓自己

變美，應該說，只要是跟美有相關的東西，我都很喜歡。國中時，很多同學會把午餐費存起來出去玩，或是跟朋友吃吃喝喝。我也會不吃中餐，將錢存下，只不過，我不在意吃什麼，喝什麼，不會把錢花在美食上，可是愛美的我，在中學時就可以在星期六、日自己坐公車去中壢買衣服或是保養品，有一次甚至還買到上萬元。

愛美的我，曾經有過當空姐的夢想，認真研究過空姐的應試條件，但是因為個子太矮，不符合空姐的身高要求，加上求學時代叛逆，不愛讀書又愛玩，學識方面也不符合。

認清這一點後，我非常明白，**想要實現夢想，是需要「條件」的。**

因此，我不作白日夢，常常會自我評估，夢想能夠達成的可能性。比如，當空姐要成績表現，我評估自己並不是能專心讀書的那塊料，也無法達到成績標準，所以就放棄了。當然，還有一點很重要的原因，就是當空姐需要非常精緻的先天條

件，但我雀斑過多，自認不是很美，加上身高不夠，所以，我轉而從自己最熱愛的「美」的事物開始學習，從可以達成的目標先著手，再慢慢雕琢出想要的夢想主體。

愛美、不愛念書的我，經常讓老師很頭疼，甚至有老師問我：「周怡君，你不喜歡念書，那你以後要幹嘛？」我毫不猶豫的回答：「當老闆！」

是呀，就是要當老闆。

當時的我，未曾想到，我竟然實現得「這麼快」，在高二時就成為老闆。

自己決定的未來就不要怕苦

要執著

當多數人對未來懵懵懂懂、還在認真求學的時候，我卻在高一休學了一年。

媽媽問我：「不唸書，你要做什麼呢？」

這是個好問題。

經過一番考量，因為要養活自己，我決定要找投資報酬相對高的工作，於是選擇了檳榔攤。

提起這段往事，很多人不解：「有那麼多的工作可以選擇？為什麼要找一份這種性質的工作呢？」

但是對於未成年的我來說，只有高中背景、不希望倚靠家裡，要想辦法養活自己，並且還想要有多餘的錢可以儲蓄，綜合這些條件，我認為到檳榔攤工作是不錯的選項。（當時沒

有想到勞基法的工作年齡相關規定，各位高中妹妹們千萬不要學！）

我很愛嘗試新事物，國小五年級時，因為轉學的緣故，朋友圈換了，新朋友們比較愛玩，也讓我有了不同的想法，就算是家人阻止，我也想要嘗試。當時，朋友在我的生活中，占了很重要的地位，加上年紀小，有人慫恿我去做壞事，我就傻傻的做壞事了！現在回想起來，發現在那個年紀，同儕影響力真的很大，好在一路下來，我並沒有走偏，真要感謝父母家人的耐心付出。等到我也當了媽媽，才從孩子身上看到過去的自己。

女兒小時候有段時期，看到什麼都拿起來吃，可能連拖鞋都吃，最初我也嚇了一跳。看著孩子成長，讓我想起自己小時候，就是什麼都想要嘗試看看，如果嘗試後覺得不 OK，就不會再去試了，沒想到我以前叛逆時，還滿像嬰兒般充滿好奇，勇於嘗試。

小時候的我，也非常喜歡問：「為什麼？為什麼？」即使

大人被問得很煩，我還是會一直問。

其實，**多嘗試一些事物沒有什麼不好，什麼都嘗試，才知道什麼適合自己。叛逆也不一定是件壞事，能適度表現出個人的新鮮感跟想法，讓其他人更能理解自己。**

人的生命中，就應該要有對事物的熱愛，像孩子一樣的天真，以及勇於嘗試、不怕苦的勇氣。先不斷去嘗試，才能找到自己熱愛的部分，過程中可能會有錯誤與挫折，不過沒關係，成功就是要不斷的堅持！堅持！堅持！（因為很重要，所以要說三遍，哈哈。）

十萬元創業檳榔攤
高中生老闆娘誕生

我後來真的找到一份檳榔攤的打工，而且在工作的第三個月，就萌生「自己也來開一間」的想法。

為什麼才做了三個月，就敢投資檳榔攤當老闆呢？因為我已經十分清楚檳榔攤的賺錢方式。

以我工作的地方來說，一天平均要排三班，一個班是八小時，平均銷售量至少要兩百包。假如早班賣兩百包、晚班賣兩百包、夜班賣一百包，加起來總共就有五百包的銷售量。而檳榔的利潤與收成有關，收成好的時候，進價便宜，利潤就高，收成不好時，進價貴所以利潤就低。以最少利潤來評估，一盒檳榔如果賣五十元，至少能獲利二十五元！那麼每天獲利就有一萬二千五百元，三十天算下來，可以獲利將近四十萬元。

對了，這還不加上菸酒的營業額喔！菸酒的利潤更高。

我驚覺：「只要有十萬元，就可以開檳榔攤？」

我的性格是，當專注在一件事情上面時，就會全心投入，因此當我訂定一個目標後，就會盡可能達成。當然，才工作三個月，不可能會有足夠的存款，所以檳榔攤草創時期的資金，並不是我個人獨資，而是與當時的男朋友W先生，以及他的姊妹一起合資。

初期為了節省人事開銷，我與W的姊妹一人顧一班，我們三人不但是老闆，是員工，也是股東。自己當老闆，用最保守最保守的成本估算，扣掉人事管銷後，淨賺不少，至少比當員工多幾倍。扣除每人的月薪四萬後，剩下的就是檳榔攤的利潤，三人平分後算下來，每人每個月賺的錢，最多的時候可達十幾萬。

看到這裡，可能有讀者朋友們會說：「那是因為你開的是檳榔攤，其他行業的資本額就不只十萬了！」

沒錯。但是除了檳榔攤外，現今大家看到我所經營的百坪美甲旗艦店，也是從小資金創業開始。接下來的章節，我會陸續告訴大家，微型創業如何能成功。照著我的方式，你可以套用在很多的行業上。

樹大招風引來黑道開槍
卻是人生的轉機

不少人聽到我在高中就創業，都很驚訝的問我：「你怎麼敢？十萬耶！真的沒有風險嗎？」

我也不知道自己哪來的膽量，只是我對於想要做的事情，一向都很有自信。從以前就是這樣，我一旦決定要做什麼，就是先做了再說。後來有前輩告訴我，這就是「企圖心」。或許，源於這種凡事想要先嘗試的性格，多了一般人沒有的衝勁。在大家都還在唸書升學的時候，我已經開始創業，風雨無阻的走上年輕老闆娘之路了。

開檳榔攤並不需要多少本錢，加總起來也才十萬。而檳榔攤一個月薪水四萬多，如果是自己當老闆，換算下來可以有兩到三倍以上的收入，真的是很划算的小資金投資。

剛開始時，因為跟客人不熟，前一兩個月試營運，生意較

為平淡，第三個月開始，客人就絡繹不絕，也因為生意好而招妒，被黑道「警告」過兩次。

當時，同一個區域有一整排的檳榔攤，所有的檳榔西施都是以「辣」取勝，坐在店內包檳榔等客人上門。我們則反其道而行，採取「主動出擊」模式，幾乎整天都站在店外面招攬客人，一旦吸引到客人目光，客人就會一直往我們這邊跑，於是生意愈來愈好，人也越請越多，最後，我們幾個股東老闆都不用站在店外，而是在店內輕鬆的包檳榔。

樹大招風，其他攤子看到我們的生意這麼好，也開始仿效。巧的是，我們隔壁就是在地角頭經營的店面，因為我們不是在地人，角頭老大覺得我們在跟他們搶生意，不但遠遠的開槍警告，角頭老大的兒子還直接來我們店裡，拿檳榔渣撒在W爸爸的頭上！我確實被嚇到了，也發現這行業雖然錢財賺得很快，但是卻有無法長久經營的風險，因而開啟了我想要轉行的動機。

接觸美甲

選定方向全速前進

因為愛美，也愛「玩美」，所以我曾經瘋狂學習過美甲。

很多人問我為什麼會想接觸美甲，回憶起來，國三的時候，在休閒小站打工，剛好看到有位客人的指甲，我很訝異：「原來指甲可以這麼漂亮！」後來去研究才知道這是法式指甲、水晶指甲之類的指甲美容法，對於愛咬指甲的我來說，深具吸引力。於是我開始把餐費都存起來，報名了一次數萬元的課程。當然，那時候還沒有想過，美甲會變成我的終身職業。

我休學一年開檳榔攤，收入穩定後，就開始努力存錢，然後花五萬塊去學一套課程也不手軟，每一回學習，我都很認真聽講、很認真練習，因為是發自內心想要學會，所以比別人更投入。

最初接觸美甲的時候，我還在開檳榔攤，從來沒有想過我

要換行業，只是因為很喜歡、很愛，單純熱中於美的事物上。有人聽了十分驚訝：「那時候你才 16 歲，居然可以花上萬元去學習，也太狂了吧！」但是因為我真的太愛美了，求學唸書對我來說，反而並沒有吸引力，也因此高中就中途輟學了，只有這種課程才能撩起我的熱情。現在回想起來，人生就是會不斷遇到很多選擇題，而我遇到的，就是要選擇在哪裡學習，跟如何學習。

說真的，**學習不論學什麼，都是未來的養分，不僅僅侷限在學校上課學的而已，自己會想花錢學的，更值得珍惜，而且還要保持一顆熱中的初心。**

精打細算

學費要花就得有效益！

既然沒有繼續升學，我的想法是，得快點找到工作，照顧自己的生活，才不會讓家人擔心。評估了自己當時的年紀跟能力，我決定在檳榔攤工作。做了三個月，對當時年紀輕輕的我來說，月薪收入五、六萬的確非常高，甚至吸引我自己跳出來開了一間。

美甲事業草創初期，高中同學幫了不少忙，很多工具等物品都是他們幫忙找的，真的很感謝他們。大家都覺得我很敢，但這就是我的個性，只要覺得自己學到了，馬上就想要試試看。

開檳榔攤是這樣，學美甲也是！

當年檳榔攤每個月都有穩定的收入，我等到財務上比較寬裕的時候，立刻就花了五萬多元，每星期從新竹搭車到台北學美甲。大家都以為我賺了錢亂花，其實並沒有喔！

那個時候我開始知道**什麼叫「精打細算」。學費要花就要花得有效益！**

我每天都會計算自己收入是多少，可以花多少。餐費可以少吃點，反正少吃點也瘦一點，還可以省一點車馬費。省下來的錢都花在材料費上，再貴的材料我都勇於嘗試。除了金錢，我也投資自己學習美甲的技術，每天都會花時間練習。學了就要去練，才知道自己有沒有真的學會，學到的技術好不好，而且透過實際操作，才能累積經驗。

後來有人問我，這樣的過程辛苦嗎？說真的，我其實不太記得辛不辛苦這回事，只知道當時我每天都過得很充實，只要一學到新技術就找人來練習，雖然有學費也有材料費的壓力，但對我來說是很值得的。

記得那年是 18 歲，在老師店裡學了新東西之後，我就直接到新竹風城百貨做了二個月的暑假實習。找賣保養品的櫃位談配合，設置櫃中櫃。就這樣做了二個月的指甲彩繪，目的是

想要認識每個人的手，想知道可以再多做出哪些不同的美甲設計，每天都過得超級充實。為了能夠把學到的東西運用出去，那陣子我不斷主動跟人說：「讓我來為您服務！」

那時的櫃位老闆娘跟會計，後來也自己開美甲店了。

建立客戶信心
透過口碑讓業績滿滿

每一位我服務過的客人，都會對我的技術有很深的印象與好感，並且幫我轉介紹其他客人來。

透過人脈網路的建議，我相信當自己有專業、有信用時，就會有很多人願意幫你，我正因為如此，一路走來才會遇到許多貴人的幫忙。從開始的半工半讀，到自營一間小檳榔攤，讓我存到人生第一桶金。

檳榔攤的業績雖然很好，但當我看到美甲這塊領域尚且乏人問津，卻十分具有前瞻性時，未來的前景讓我很是期待。所以，高中畢業後，我就跟當時的男朋友 W 先生溝通，想結束檳榔攤的生意，改做美甲。可惜 W 並不這樣認為，於是我們分手了。這麼多年的感情就此告吹，當然捨不得，只是當大家的奮鬥方向與理念不同時，其實很難有未來可言，最後，我毅

然選擇了自己想要走的路。

值得慶幸的是，經營檳榔攤站，我累積到了人生第一筆財富，高中畢業就給媽媽 50 萬作為買房子的頭期款，也同時為自己買了保險和基金、車子跟專業的技術，這讓我非常有成就感，因為在我生命中，「家人與愛」是非常重要的事情。人除了賺錢之外，學會愛別人、愛家人也是人生相當重要的一部分，因為如此，我的貴人也越來越多。

跟男友分手後，因為要準備轉換跑道，曾經借住在表妹家幾個月，每天就看報紙找業績薪水最高、有專車接送的檳榔攤工作。後來我找到一家符合條件的，應徵時就跟老闆講白了：「我之前有開過檳榔攤的經驗，現在急需要錢，但只能在這邊做兩個月，而且一個月薪水最少要給六萬。」這家檳榔攤一班是兩個人，夜班因為有加給獎金，所以薪水比較多，我就直接點名要做夜班，而且我不需要兩人一班，因為我一個人就可以做兩個人的工作，所以薪水越高越好，但就只做兩個月。我也

很明白的告訴他，兩個月就要離開，是因為要回北部開指甲彩繪店。

　　說完之後，老闆考慮再三，主要原因是我只做短期，第二個原因是他很欣賞我，希望我可以留下當儲備幹部。

　　那位老闆黑白兩道都吃得開，非常厲害也非常有錢，當時南崁下交流道有一排檳榔攤，他開了六家，很需要人手，加上看我那麼拚，非常欣賞我的精神，因此很願意幫忙我。在他身上，我學習到很多做人做事的道理。

　　我真的很感謝一路幫忙我、給我機會的人。

堅持信念

誠信待人，廣結善緣

當時，我真的只做了兩個月，上的是夜班，從凌晨十二點到早上八點。印象很深刻，那時的生活只有上班、下班、回家睡覺，完全省吃儉用，一毛多餘的錢都沒有花。不少客戶還消遣我：「吃這麼少，要減肥啊！」其實，為了有屬於自己的美甲店，有自己的事業，我非常堅持存錢。那兩個月，我存了十三萬。

直到現在，我跟當時的老闆、老闆娘關係都很好。那時候他曾經希望我留下來，但我給自己的時間就是兩個月，所以我告訴他：「老闆，拜託給我自己出去闖的機會，如果我失敗了就會再回來！」

從事工作到現在，我真的、真的認為，做任何事情就是不要騙人，誠信對我來說相當重要。後來我自己開始管理員工，「誠信」也是我對員工要求的第一條守則。在社會上，不是每

個人都會給你機會，對方願意相信彼此而互相授權，都是需要很深的信任感跟互動交流。未來關係是長久的、需要經營的。

我開了美甲店之後，也常會回去檳榔攤找老闆娘聊天，老闆夫妻都很歡迎我，甚至會幫我介紹很多客戶，也因為這樣，我在草創初期才能維持穩定的業績跟客源。

還記得之前來檳榔攤砸店嗆聲的角頭嗎？這世上沒有永遠的敵人，當時雖然事情鬧得沸沸揚揚，妙的是，當我轉行到美甲業後，與角頭一家人卻維持著良好的關係，不但到角頭家為他太太做美甲服務，開美甲店後，角頭太太也常來店裡享受服務，還會彼此將那時的事拿來說嘴玩笑：「還記得過去我們曾經敵對的狀況嗎？你們對我們開槍示威……」笑鬧間，她不吝稱讚我：「你是檳榔攤裡面轉行最成功的！非常值得學習。」

我很珍惜每個在我生命中出現過的人、事、物，而我也很喜歡無私的與人分享自己的經驗與成果，所以當我需要幫助的時候，這些人脈就是最大的助力與資源。

第一家店
奠定美甲天后的基礎

老天爺是會照顧努力之人的！在檳榔攤工作兩個月，我每天幾乎不吃不喝，認真工作跟上課，拚命存了十幾萬，終於離夢想更近一點了。**有了資本才能用錢賺錢。**

之前提過，我曾經合租過一個百貨櫃位，每天練習指甲彩繪，因此我就比照這個經驗，找了一家知名髮廊談合作，這一次談合作，讓19歲的我又成長了一點。終於，在曼都髮廊二樓，我開設了一間10坪大的工作室，真是太令人興奮了！

大家有沒有想過，如果自己要開第一家店，會是什麼樣的呢？那時候我去看桌子、看地點，在紙上規畫美甲桌子擺法之類的，還跟朋友一起去別人的店面拜訪，想好多好多，想到我晚上都開心得睡不著。

在曼都二樓的工作室，沒有到府服務，總算輕鬆了點。慢慢的，有一些客人都會指定找我們，超級開心，很多客戶也變

成了朋友，常常來弄頭髮的時候，就一起做美甲，她們都說：「KiKi 很認真、很上進，把我們的手腳都照顧得很好，蹲著工作完全不怕辛苦！」

在曼都的工作室，持續營運了半年，業績還不算好，不過此時，新的機會來了。

有一天我逛到博愛街的一個路口，發現有一間一樓的店面要出租，裡面的裝潢很新，幾乎就是我夢想中的美甲一號店！25 坪的大小，也正是我想像中，服務客戶的理想空間。做事速度跟決策力一向很快的我，毅然決然結束了曼都二樓的工作室，簽下這間一樓的店面。當時很多人都十分吃驚，到現在還是有人會問我：「你才 19 歲，一個人租店面，不擔心管銷嗎？」我則回答她們：「我生意真的很好，好到我一個人做不來，所以需要有更大的空間跟店面，才能容納更多的客戶，請更多的人來幫忙。」

因為過去兩年跟百貨公司、知名髮廊配合的經驗，我知道一家美甲店需要什麼樣的裝潢，要花多少費用，心裡有大致盤

算了一下。譬如說，一家新店面除了每個月要付的月租金、水電費、材料費……這些都要先記下來，換算成客人的業績，扣掉這些之後，會賺多少錢，養不養得起自己？我都會一併考量。

開店之初雖然客人不算多，卻也營運有餘，經過兩個月後，客人絡繹不絕，我發現，需要更多夥伴，大家一起來，才能服務更多客人。

可是，在認識的人當中，誰適合呢？

此時，表妹的臉龐浮現在腦海中。

當時，表妹在工廠工作，我告訴她：「你一直在工廠裡面，可以賺多少錢？這樣並沒什麼不好，但就算每天的工作很穩定，五年過後，你沒有學到任何技術，即便現在 27 歲遇到不錯的男人，也結婚生子了，可是沒有一技之長，你未來的生活還是會很辛苦，不如來幫我吧！」

聽了我的話，表妹也覺得有道理，於是辭掉工廠工作，加入了美甲的行列！

不要怕不會
只怕沒機會

一路走來，很多人問我：「你怎麼會當老闆？你怎麼會想要去學習？你怎麼會敢幫人做美甲？」其實我都沒有想那麼多，在我的字典裡沒有「不行、不可能」，做了就會了，我只需要練習、練習、練習。

憑著對美甲的熱愛，那時候我便確定，這就是我未來事業的方向。於是，我重新返回校園，學習這行業應該要具備的基礎教育，同時半工半讀，白天找美髮店、美容店、服飾店等談配合，非常積極的找營業點，如果沒有找到，就「到府服務」，帶著工具去客人那裡做指甲。

這當中的過程其實相當曲折，一開始也不是很順利，只好晚上一下課，就到酒店和理容院發名片給泊車小弟或櫃臺。算是一台小車闖江湖，到處約小姐做美甲，因此，也進去過酒店和檳榔攤幫小姐做指甲，甚至到黑社會大哥的家，幫他老婆做

指甲，後來跟這些客戶都變成了好朋友，她們也會幫我口碑推薦，不少服飾店、美容店、美髮店都願意讓我練習服務，才變成各個地方都有點。

我不怕不會，真的很怕別人不給我機會，一旦沒有機會練習，技術就不會提升。所以我喜歡到處推薦自己，在陌生處開發更多的機會。這個社會就是這樣，很大、很多人競爭，一定要不斷的自我挑戰，才可以脫穎而出！擁抱任何一個陌生的緣分跟機會，對於未來的我來說，都會成為非常難得的經驗。

傻人有傻福？
還是膽大心細？

　　一旦提及過去的經歷與創業過程，大家都說我傻人有傻福，其實我就是很有衝勁的去做，除了學經驗，也學教訓。

　　只要有人問我：「才國三為什麼敢花錢投資自己？」我都會回答：「只要投資十萬元，而且投資報酬率驚人，為什麼不做？」大家聽了都很驚訝。

　　因為**我很清楚我不是亂花錢，我都會先學習並且做好功課，多多詢問其他前輩的意見，了解這個產業的投資報酬率。**當然，那時候年紀小，還沒有接觸過會計跟管理，不太理解經營事業的專業名詞，但是透過開店，慢慢摸索，我發現很多有趣的事情，也將這些不斷應用在我的工作上，漸漸的，朋友群越來越不同，很多事情都是朋友提醒，我才發現，自己的視野就這樣在不知不覺中，慢慢跟著提升了。

　　創業除了需要契機，也需要企圖心。 過去我曾經輔導別人跟我一樣開店，但是我發現，要說服一個沒有企圖心的人創業不太容易，因為不是自己想要的。所以想要叫這樣的人花時間學習，或是叫他拿出十萬元，去加盟紅茶店等微型創業，多數都會先想到「賠了怎麼辦」，甚至準備很久，遲遲不敢嘗試。

　　所以，我決定要出書，跟大家分享，學習不是人云亦云，不是盲目的聽從別人指示來學東西，自己也要有些小方法、小訣竅。創業這檔事要想清楚，但不要想太多，想多了，反而行動力就被削弱了！

勇敢投資自己
擁有一技之長才是贏家

　　我的美甲店，從一人獨扛，到說服表妹一起來，至後來有更多夥伴加入，成立了百坪旗艦店，看起來，我似乎可以輕鬆了。

　　但，我並未鬆懈。

　　有一件事，我從一開始學美甲，就從未間斷，那就是上課。

　　當金錢及時間不夠時，上課，並非是「想要」的課，而是「需要」的課。

　　我認為上課要有效益，學費的投資，要花時間「快速」賺回來。能夠在一兩個月內，把開店會遇到的問題找出來，看哪裡有不足的地方再去上課，才會快速成長，才能突破盲點，最

後才是自己的經驗。

我現在很喜歡上加盟／直營連鎖的課，不是我「想要」上，而是我有「需要」上；就跟買東西一樣，不能亂買，**「想要」是一種欲望，「需要」才能長久。**

即使沒有錢學習，但是因為需要了解，就會找出方式。

我在二十幾歲時，根本沒有錢可以讀 EMBA，就只是去問身邊的成功人士，或者利用看書來學習，然後就是實戰，跌倒了再調整。

沒有錢，就用沒有錢的方式做事情。

有人說：「用問的，大家又不一定會告訴你，不見得會有效果吧？」但我覺得，人都會願意幫助有需要的人。

馬雲曾經提及他今日成就的動力，就是沒有錢、沒有計畫。

你沒有錢所以你不會亂花，如果在沒有錢的時候，你都可以成功，那等你有錢時，就可以擴張版圖了。所以說，**沒有錢有沒有錢的作法，有的時候不一定要靠錢，如果你這個人的想法和態度是對的，你就算沒有錢也可以成功！**

記得剛出社會的年紀，就是很敢拚，除了敢去跟大家談合作，也超敢投資自己。是的！**女人就是要「投資自己」。除了投資外表，也要投資自己的腦袋。**我當年才十七歲，月收入已經六萬，賺錢的第一個月，我就花了六萬投資自己。很多董事長級的大人物都說過：「年輕的時候，不需要存太多錢，因為這時的你，沒有太多在社會競爭的條件，所以要先投資自己。」我也是這樣做，17、18 歲的時候，我不存錢，一心把賺的錢，全數投資自己的腦袋和雙手。當時我深信年輕就是本錢，成功賺大錢只是早晚的問題。

過去，就連十分保守的銀行定存，我也不存，大家就很好

奇，還有人勸我：「要多放點錢在自己身邊，要存錢。」

其實，我不是不存錢，而是在活用錢。

就是因為沒有錢，反而要更加思考，定存的投報率會不會太低了，是不是應該先把這些錢，拿來投資自己的技能？擁有一技之長，可以創造出來的收益跟機會，或許會比較好。加上我深信年輕就是本錢，所以超敢衝，就算失敗也是一種資產，也是難能可貴的經驗。（所以我 30 歲前，把賺到的錢花在學習上，即使投資失敗也沒有關係。）

我真的花了至少兩、三百萬，投資在自己的雙手和腦袋。我的執行能力很強，加上這些都是自發性的學習，所以我深信，這些放在自己身上的學習投資，至少會以十倍以上的方式回來找我。

我開店也曾失敗過，當下對我來說都是很大的挫折，但

是，即使失敗了，或許失去了幾百萬，卻會累積非常多，將來受用無窮的寶貴經驗。創業過程獲得的「營運管理經驗」與「各種專業能力」，更是無價的寶藏，在下一章的文章裡，將不藏私跟大家分享。

CHAPTER 2

技術為王

技術沒有捷徑，就是學習和練出來的。

沒有進步就等於退步，

時時刻刻要激勵自己給自己信心，

不要害怕，不要畏懼。

寧願免費做指甲
也要了解客戶深入客戶

一開始學會美甲的時候，我就背著工具箱到府服務，甚至找朋友、家人、同學們來免費做指甲，累積膽量、自信、速度、技巧跟經驗值。

我每次學東西，都會謹慎評估我有興趣的方向。有興趣這點很重要，如果學一項東西，是你沒有興趣的，你就不會想運用在日常生活裡，那就是浪費。我還記得一開始學美甲時，就下定了決心跟目標，一定要**「從做中學習，從學習中提升」**。

我還記得，當時有很多同學一起學習，可是有些人就會摸很久，他們說：「還沒有準備好，一定要準備到八十分以上，才能接觸客戶。」也就是說，他們可能一直把時間花在自己練習上，卻不敢接觸客戶，但是我不一樣，我屬於膽大心細型的人，可能練習一個美甲幾次，就敢開始收取材料費了！

剛開始，我們都會邀請朋友，當我們的美甲模特兒，甚至免費幫他們做指甲！當老師教我們的當下，我就發現：「哇，原來每個人的手指跟指甲形狀不太一樣，好有趣。」也因此我不太贊成一直只對著自己的手或是假手練習，漸漸的，我們的技術被磨練出來，甚至建立起做指甲的自信，就會開始在速度上追求時間的掌握，最後越來越厲害。

　　透過摸索，美甲師們會散發出一種專業的自信，不再畏畏縮縮，也因此讓客戶越來越產生信賴感。所以之前就算是免費幫人做指甲，我都一樣的認真，把每一個模特兒服務好，第二次她們就會主動問我：「可不可以幫我們安排美甲的時間？要怎麼收費？」透過這樣的學習，我慢慢的越來越有自信。

　　過去常遇到有些人，除了很有想法，技術也相當不錯，卻不知道為什麼給客戶的感覺，就是少了一點自信度。客戶雖然不會跟我們提及，但是很可能會讓他想要換其他人試試看。一個美甲師技術再怎麼好，只有自己知道，若總是一副畏畏縮縮的模樣，要怎麼傳達讓客戶知道？客戶又怎麼敢信任你呢？早

期我開始做美甲，費用會越收越高，但客戶還是指定要我服務，其中沒有特殊的技巧，就是單純要透過自己的專業知識跟形象累積。

積極面對挑戰

快速排除負能量

現在很多人，一旦被要求獨立學習，都顯得非常膽怯，害怕挫折。

最近我學了新東西，有位會美睫的老師，常會跟我們分享一些經驗談。以前他家裡頭很窮，曾經住過嚴重漏水的房子，但是他現在有錢了，還有個美麗的老婆，身家甚至達到幾億。在他身上，我看到了讓自己敢去闖、敢去飛的「正面力量」跟「勇氣」。

我觀察到很多父母都很包容小孩，也因為過度包容，讓孩子完全沒有壓力，等到這些孩子長大出社會後，很多人變得沒什麼抗壓性，不想承受太大壓力，不敢面對挑戰，也就缺乏了一些積極向前的動力。

人都會因為未知的事情而恐懼，可是還是要積極。我身邊也有這樣的朋友，有時候會說：「還不行啦！我心中有些自我

要求，還沒達到……」關於這點，其實話不能這樣說，實際上是有其他方式可以解決的。譬如說，有些人心中的目標是要達到一百分，但是目前只達到了六十分，就不願意去服務客戶，擔心會被打槍。其實，可以換個角度來看，我們可以先不收太高的費用，只酌收工本費 199 元。透過這樣的方式，一來可以訓練膽量，二來可以增加實戰經驗。在我們這個行業裡，實戰技術很重要，如果只是一直在家裡自己練習，閉門造車，就不會知道市場需求，也不會知道自己的技術到底好不好，不是嗎？

我們都知道每個人對於「完美」的標準不一樣，可是有一點很重要，就算技術上還不夠完美，但一定要讓客戶感受到真誠。而且女性客戶很特別，絕大多數為感覺型，假設在服務過程中，聊天的感覺很不錯，就算技術面只有五十分，另外五十分也可靠這無形的好印象來彌補。之後客戶若回頭再來做，就可透過詢問：「你覺得我的服務有什麼需要改進的嗎？」聽取建議，補足上次的缺失，達到更好的服務水準！

透過每一次的聊天，就可以建立與客戶的熟悉度。我常會

習慣性詢問客戶：「最近有沒有什麼需求？」然後分享最新、最流行的款式；或是詢問客戶：「您指甲有小擦傷，建議使用指腹比較好喔，可以撐比較久。」透過一來一往的聊天，讓客戶感受到，你有真正關心他的指甲，能夠一起想辦法，解決指甲的狀況，除此之外，也可以一起討論新的話題。總之，千萬不要害怕面對客戶！因為如果你沒有辦法踏出第一步，找出問題點的話，就沒辦法有更多的進步！

要能獨立思考
擁有一技之長

年輕是本錢，若是浪費這個本錢就會輸很大。

多數人無法一開始就決定自己要做什麼，可是我在台大美甲產業趨勢演講的時候，就跟聽眾分享，我很早就知道，培養獨立思考能力，跟學習一技之長，很重要。因為我喜歡美的產業，所以我在這方面，努力很多，也投資很多，我很肯定這是我終身的事業，我這輩子都會投入美的事業。

我從剛開始學美甲，就深刻感受到，學「美」的東西，一定要到處學習，而且當時想要在此領域擁有事業版圖，是很重要的決定。有一回，我看到一篇商周文章，在探討台灣男人要有多少薪水收入才可以結婚，就覺得台灣男人有點慘。怎麼說呢？文章中有提到，不少大學生被詢問為什麼要讀大學時，大部分的人，根本沒辦法講出明確的答案。「父母要我讀的啊！」、「同學都考大學，我不考很怪啊！」……超慘，怎麼

會連畢業後要做什麼，都沒有辦法獨立思考？當時我 18 歲，就已經能自己決定未來要走的路，要不要開店，要花多少錢開店，要花多少錢投資自己。

「不要浪費時間，要有一技之長。」這句話，也是一樣的概念。我們多數從高中或大學開始，就浪費時間玩遊戲、聚餐、約會、打工，沒有幾個人認真的學以致用，為未來就業磨利武器，以致出社會怎麼開始養活自己，都是個問題。在就業博覽會上，我接觸過很多人，幾乎有七成到八成都不能學以致用；學國貿的想賣雞排，學科技的想作保險；工作其實適合自己就好。可是相較於我，一出社會就以實用為前提，在做中學習，不用等到畢業才進入產業。面對大批無法學以致用的人，產業要耗費更多的人資管理、培訓費用。文章裡提到：「要從一堆像山一樣的爛蘋果中，找出幾個還可以用的，好難。」不禁感嘆與憂心，這樣下去，哪會有領高薪的資格？國家未來還會有多少競爭力？

一個國家的競爭力和薪資水平，都是專業的累積。所以我

們的競爭力為什麼會輸給國外？可能是因為，當先進各國都在思考，如何把國家裡的每個年輕細胞優化時，台灣卻在用「人人都是大學生」的政策，用遊戲、珍奶、社交平台來毒化大部分的年輕細胞，甚至把他們逼成啃老族。

有一回我看國外 TED 的演說，很多外國人的教育方式，讓我們在高中就立下志向，而台灣人，很多都是別人做什麼就跟著做什麼。例如：同學讀大學，我也讀大學；爸爸媽媽叫我讀，我就讀；反正不知道要讀哪一科，我就隨便選一個……真的有點惋惜年輕人沒有自己的獨立思考能力。台灣產業環境，已經被歷任政府搞到「低薪化」了，教育品質和就業生態，也被搞到生病了，台灣年輕人，不僅沒什麼存款，連找個女朋友或娶個老婆，也不是憑感情而是看資格，更別說有什麼時間和心情，學習才藝和培養天賦了。

生了小孩後，我也不贊成讓小孩太輕鬆，我對自己跟家人、小孩都是一樣的，我會將自己的經驗，先分享給家人，找親朋好友來當我的工作夥伴，過去我常看到很多前輩，想要擴張版

圖卻都找錯人，我沒有失敗的空間，需要找信任跟對的人上車。

　　學技術就是要給自己壓力。當我找我的親戚朋友時，給他們壓力，他們會跟我說：「我們想要一起成功！成功不是一個人的成功，是一群人的成功。」他們是相信我的家人們，相信我的理念！鑽石沒有經過高壓磨練，很難閃閃發亮！現在社會上很多人，就是跟著其他人的方式在做事。很多人覺得高中畢業就是要去念大學，大學畢業好像就是要去唸個研究所，可是我是跟別人相反，**要先思考自己想要做什麼**！我希望我的親朋好友們也是。

掌握趨勢浪頭
逆轉勝更容易

我決定轉經營美甲店時，就跟前任男朋友分手了。

一說出開美甲店的想法，男朋友就跟我說：「這麼拚幹嘛？我們檳榔攤有賺錢啊，你讓我養就好了！」我印象很深刻，那時才20歲，就需要工作十幾個小時。有一回男朋友做水電時摔下來，嚴重到被送去醫院縫針，他希望我可以去看他，但我卻回答：「這時間有客人預約了，沒有辦法馬上離開去看你。」結果他完全沒有辦法諒解。

他不能理解，女人為什麼要有自己的事業。後來還質疑我：「你為什麼會為了工作變這樣？」我當下覺得很難過，過去他曾經對我非常好，但現在卻感覺到，他已經不再支持我了。我們之間有了隔閡，他似乎不想要我在事業上太成功。當我想要往前衝的時候，有人卻一直拉住我，阻止我成長，這種感覺讓我很不舒服。

此外，對於事業的拓展，彼此的企圖心不同，也造成我當時開店很大的困擾。因為當時的男朋友，很愛玩線上遊戲，但其實，我真的、真的很討厭玩線上遊戲！我們才 20 多歲，應該要把時間投注在對未來有助益的人、事、物，就像我很專注在自己的事業上。於是最終，我決定跟他分手。

每一個人生階段，都有不同的動力跟問題。我 20 幾歲的時候，覺得先照顧好自己比較重要，所以一心只想穩固我的事業，那時完全不覺得累，只覺得滿腔熱血，也因此比較沒有辦法顧及到我的家人跟男朋友的感受。

之後，認識了現在的老公。有人問我怎麼才能挑到好老公，我跟他說：「主要條件不在於他家裡有錢或是質男，而在於他很清楚未來世界經濟發展，和產業趨勢是什麼。」我從馬雲的公開講演中學到，如果懂得抓住未來的趨勢，把選擇權掌握在自己手上，努力變成富爸爸或富阿公，就是替自己的人生找回一絲生機。

「不管你現在薪水是否有七萬元，識貨的女孩子，自然會把你看成比混血男還優秀的潛力男。」在商業周刊上看到的這一段文字，我超級認同。因為**絕對要切記，趨勢比個人努力還重要**。而且我想要跟大家分享：「只要能擠上趨勢那班列車，不管是投資或投身相關產業，就算你不是億萬富翁，至少可以找回做為一個人該有的尊嚴，而不會讓人家只憑你的薪水收入，就替你貼上魯蛇標籤。畢竟，全世界的財富，總是跟著趨勢走，不管你薪水多麼低，只要想通這個道理，就有翻身的一天。」

有些人會說，這是報章雜誌上的傳奇，不是每個人都可以這樣。但是我想要跟大家分享，我就是這樣一路走過來的。不要擔心現在自己是什麼樣的人，自己決定了、選擇了白手起家，就要努力去了解經濟趨勢，也要不斷的自我進修，只要跟對了浪頭，長江後浪推前浪，大家都是下一代的新創老闆。

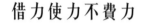

借力使力不費力

在大平台上讓小小的自己被看見

剛開始學習，選擇比努力重要，我們常說：「借力使力不費力。」所以當自己還很渺小、沒沒無聞時，我會想辦法讓自己被看見。當時我選擇了名氣很大的爾芙老師所開的課程，特地跑去大安區上課。因為我問了很多人，打聽了很多風評，讓我對爾芙老師相當有信心，而且老師開業的點，都是在很貴的地段，去的都是相當有社會地位跟經濟能力的人，服務頂級客戶肯定見多識廣，跟著老師學習，短時間就打開了我的工作視野。

我看到很多同期學習美甲的同學，雖然每星期去學，可是都在家裡練習，然後等待下一次上課的時候，老師教了，才繼續往下走。但老師只負責教授技術，其他的都沒有教，所以想要多學多增長見識，就要自己想辦法。很多人都是等到整個學習過程結束了，才開始思考，要去哪裡找客源？去哪裡展店？

甚至有些人根本沒去思考，過不久就失去了創業衝勁，甚至連技術也都忘得一乾二淨。

這件事情絕對不會發生在我身上，剛學了第一、二週，我就在想：「大家根本不知道我是誰，不會讓我做指甲，也就接觸不到更多客戶的需求，該怎麼辦？」隨著一次次的思索，夢想的藍圖就越來越清晰。

我發現風城百貨公司的顧客很有質感，保養品客戶都很重視形象，於是，就大膽的主動出擊了。

「可以讓我在你們櫃位合租嗎？我想要幫客戶做美甲！」不論技術成熟了沒，首先都要讓自己被看見！一個 18 歲的女生，到新竹風城百貨，找賣保養品的櫃談配合，暑假時設立櫃中櫃，做了二個月的指甲彩繪。

大家還記得我以前有開設檳榔攤的小額創業經驗吧？那時候，除了學會盤算規畫利潤，主要也是開店地點選擇在交流道旁，加上有資深前輩分享經驗談，所以當時藉由他們的成功方

式操作，比較不費力。

當年，我剛開始就進去跟保養品的櫃位談，「如果讓我在這裡增設指甲彩繪的項目，只要原本櫃位的客人上門做指甲，就可以享有指甲彩繪折扣，這樣還可以減低你們百貨公司的坪效壓力，好嗎？」對方思考了一下，這樣的拆帳方式，共同分享了原有的客戶資源，又增加了客戶軟性服務項目，有利無害，加上看我年紀小，又很誠懇、認真的感覺，結果就答應了！

每個星期固定的日子和時間，我就會到風城的保養品櫃位服務，一陣子之後，客戶表示很喜歡我的創意彩繪，於是，開始跟我採「預約制」。想不到一試成主顧的人越來越多，也證明我的藍圖規畫方向是對的。當自己還沒有很強大的品牌知名度時，可以藉由別人的平台，先做客戶的交流與服務的交換，讓自己被看見，先卡位，再慢慢等待機會。

學會商業談判「交換資源」
讓自己多曝光

有人問過我，開檳榔攤和寄櫃有什麼不一樣？我的答案是：「完全不一樣！之前沒碰過所以不會，但是我努力把它弄懂，因為沒有人會教你怎麼經營。」

每一次嘗試新的商業銷售方式，好像都是一次新體驗。技術是有固定模式的，譬如說現在流行光療，只要挑有名氣、會教的老師，技術培訓出來都不錯；可是做生意沒有固定的模式，我每次開始新嘗試前，都要想很久，要多問，甚至會詢問三、四個人以上，吸收別人的經驗當參考，然後才選擇自己要做的是哪一種。

「你為什麼想要跟我們配合？這對我們有什麼好處？」跟保養品櫃位主管聊天的時候，對方這樣問過我。當時我就是想要進去寄櫃，沒有想太多，就直接回答：「因為你們的牌子很大，客人很多，只要可以讓我進來合作，你們什麼條件我都可

以接受。」是嘛！當自己沒有什麼條件的時候，只要配合得來，就只能認真配合，所以對方可說是被我的誠懇打動了。

後來我服務的客戶越來越多，也越來越多人主動找我，我就想，能力跟個人品牌成功建立了，當然不能一直這樣戀棧現狀，永遠寄在別人的屋簷下接受照顧。我應該要有自己的小店，開發更多不一樣的客人，不能只做百貨公司的客人。於是，我離開了百貨櫃位。

這就是我十八歲時第一次的商業談判，沒有想太多，反而爭取到更多機會。很多人聽我演講分享，都會說：「KiKi 你好敢，好有勇氣！」其實，人不管任何年紀，只要你敢開口，就能發現，即使你再沒有經驗，大家都還是非常願意給你機會，最怕的只有，連自己都不給自己機會，那就悲劇了！

現在的我，很努力經營自己跟公司品牌，把賓士、施舒雅、BMW、喜來登、香奈兒等等大品牌，當作我的未來目標，向大廠牌學習，希望總有一天，我們的品牌也會讓更多人看到。

經營自己就是經營事業

經營人生的信念：幸福美滿！

「周怡君你把自己經營得很好，你真的很厲害！」我有一次聽到初見面的朋友這樣說，嚇了一跳，當然，一路走來，我都按部就班的請教別人，也很感謝大家的提點，可是忽然有個人說我很厲害，我真的有些吃驚，所以趕快問她為什麼有這樣的感覺？因為，朋友的意見，就是自己形象的縮影，我非常重視。

當時她回答我：「除了樂觀、堅持、努力之外，你具有很宏觀的視野，以及很長遠的經營規畫，凡事都看得很開，想得很遠，能夠慢慢經營起你的事業版圖。」

當年，離開檳榔攤，轉行美甲店，我就希望事業跟愛情能夠兼顧，最終希望的結果就是家庭幸福美滿，不會為了事業整個家庭都不要。對於人生經營，我有自己的信念：「幸福美滿。」因為人生這麼辛苦不就是為了家庭嗎？賺了那麼多錢，如果家

庭關係沒有經營好，彼此間沒有愛也不好，所以，我每天都以事業與家庭兼顧的幸福美滿為目標，思考到底要怎麼做，當然，也有人想要入資幫我展店，只不過，自己的人生自己走，當時的時機點還不太適合。

曾經有不少女生創業時，發現不太容易成功，她們來問我為什麼？在我觀察之下發現，做事業都會有累的時候，但是我真的不建議女生們，覺得累了的時候，就放下轉而想找個人談戀愛、結婚。

累了、辛苦了，要找方法解決，想想怎麼把自己經營得更好，除了感情外，還有個人專業、人脈、金錢……等等，都需要共同經營，最後才能拼湊出一個幸福美滿的生活。

女性要如何藉創業
勝出一片天？

　　有了小孩以後，認真覺得女人一定要擁有「一技之長」。即使男朋友或老公再有能力，也不要因此不增強自己的能力。還是要不斷學習、充實自我，女人一定要懂得，如何讓自己財務自由！

　　曾有個雜誌編輯來採訪我，她問我：「你開店就夠賺錢了，為什麼喜歡分享？帶人不累嗎？」我跟她說：「我想要協助女性成長，找到生活價值跟成就感，女人有自己的事業，真的很重要，想買什麼就可以買什麼！」

　　過去到現在，跟我接觸過的客戶、學生、朋友，只要在聊天中，發現他們工作沒有未來性，我一定會非常非常雞婆跟他們講：「一定要學一技之長，姊姊的經驗一定要相信，因為我是過來人，尤其現在有家庭和小孩更有感覺。」後來大家變成朋友後，如果常來我臉書，我也會跟大家在臉書上互相加油！

「我不擔心失業耶！每回學了新技術，客人就會說 KiKi 我想要給你做，你要繼續學新東西。」好幾次在店裡，客人都會跟我開玩笑。現在有了家庭小孩的你，不論是想要回職場賺錢，想要選擇工作量減少一點、陪伴小孩多一點，只要有技術，也可以學習前幾章的方式，開個工作室或是找到店家配合，讓工作彈性一點，因為你有技術、有能力、還有客源，這時候，就不用害怕找不到工作，在社會沒價值。甚至有能力為自己、家庭、小孩出一份力，重點是女人就算有家庭，還是要有工作能力，這是一種成就感跟價值感。

我有一次買早餐遇到一個女生，我問她：「上班滿穩定的呀！還不錯吧！」她跟我說：「我好羨慕你，我們因為沒有一技之長，只能在一般公司上班，雖然沒什麼不好，但每天工作很輕鬆無聊，就只是接接電話，打資料、處理雜事等等。」這樣的生活跟擁有技術的生活，當下不會感覺到差異，但是過了五年，如果結婚生子了，因家庭孩子暫時先離開職場，之後若還要想回到職場賺錢，真的有很多困難。比如說：想要回職場

賺錢，卻不好找工作，或是公司的時間無法配合家庭和小孩，再加上沒有一技之長，真的不知道要做什麼工作，很容易心想算了，還是先不工作在家帶小孩吧。可是這樣一來，既辛苦，經濟也不自由，重點是還沒有成就感。

前不久我載大家去參加美甲考試，遇到有人來店裡我就會聊：「如果可以自己創業，就可以掌握自己的生活，女人們加油。」我有很多朋友也都是這樣想。假設 22 歲學了「任何一項技術」，待在一家有規模又能學到東西的店，五年過後，27 歲因緣際會遇到還不錯的男人，結婚生子，多數的女人會因家庭孩子暫時先離開職場，沒關係，因為你有一技之長，任何時候你都可以養活自己，選擇性自然也變多了。就算在家工作，就算將來重新復出職場，都不會是問題，因為你有一技之長。

這世界上不是人人都含著金湯匙出身，也不是很輕易就能一夕之間成為暴發戶。大多數的人，都是先有技術，然後努力不懈、堅持理財，才得以慢慢存上好幾桶金。

我覺得一技之長能力，包含了任何一項技術能力或銷售能力，大家要挑選適合自己且有未來的技術，還有很重要的就是大家互相鼓勵，就像大家會組團一起跑步，因為一個人跑步很無聊耶！大家一起跑，才可以有同伴研究穿什麼衣服、怎麼樣跑得比較快，這樣才能撐得比較久。

CHAPTER 3

對的行銷，
讓客戶一直來

表面上看起來，同行越多越競爭越難做，

但事實上是大家越來越專業，越來越精益求精。

店家像洗牌般汰換，但實際上卻是在洗人，

淘汰了不懂技術規律的人、不懂得歸零學習的人、

停在原地不學習進修的人、急功近利的人。

展店風格系統化
設定品牌形象

　　我當初就是計畫要開個人工作室，所以空間不需要太大，但是每一次換店面，都會思考：「自己的品牌形象該怎麼設定。」

　　一開始的第一間工作室，小小的，為了可以盡量發揮店裡的坪效，便節省座位距離，讓客人兩兩之間坐得很近。當時有兩台 SPA 椅，一走進來可以看到有人在做手指甲，也有人在做腳趾甲。我並沒有覺得這樣的空間安排不好，因為先求有客人是首要目標，但有一次，有個美甲師跟我這樣說：「客人之間都可以將對方的私人八卦聽得一清二楚喔！」當下我就決定，以後要以客人的舒適度為優先規畫。

　　多數人開店，因為資金跟客源還沒有到位，一開始便採取家庭式的風格。我也是很滿意有一間小教室，總坪數約 20 坪，真正工作的空間則是 12 坪左右，小空間的規畫，很容易跟客

人熟稔，也因為這樣，經營的兩年間一直生意很好。只不過，這種氛圍雖然很親切，舒適度卻有點不足，有時候客人會帶小狗、小孩一起來，再加上當時 4 ～ 5 位員工，確實有點小擁擠。

人往高處爬，我當然是希望自己的事業，可以走到別人的前面，甚至超越對方，於是我有了拓展店面的想法。那時候我美甲的技術真的很好，工作室每個月都有獲利，但想要開一間理想中的店面，身邊的現金卻仍然不足，還好有朋友知道我營業狀況很不錯，主動說要借我錢，於是我跟朋友借了五十萬，租下我的第一個店面，一間有一、二樓的兩層樓店面，這樣就能夠有更多空間可以規畫。

就這樣，我從小間的個人工作室，**轉戰到大坪數的店面**。基本上，我也是頂下了別人的店面來做，好處是不用花太多裝潢費用，剛好我走的也是跟原店相同的粉紅色路線，所以只要重新添購桌椅，再接個水電就好。之前我有提到，大家要學習理財觀念。採買生財器具也算是一種理財，應用有限資源的省錢規畫。對我來說，那時候周轉進來的五十萬可以買一些簡單

的東西，比如類似 IKEA 的系統家具。

第一間店的生意越來越好，甚至頗具規模，於是，我開始打算往「桃竹苗最大間的美甲店」的定位發展，期待給顧客不一樣的服務感受。可是有個小缺點，就是內部裝潢的位置，沒有辦法量身訂做，有來過我們店裡的人都知道，目前竹北旗艦的美甲座位都是為了客戶打造，不論是放置包包的櫃子，椅子間距以及手機充電座⋯⋯設施環境相當舒適。

除此之外，不少人過去對於美甲的印象不是很正面，曾經有人跟我說：「美甲環境很擠，有點髒亂，會不會有什麼感染？」當下我立刻明瞭，原來大家都很重視環境跟細節。所以，我從小細節開始改變，除了維持環境整潔外，用品全部消毒過。我們期待給客人的感覺是，全方位的服務、美與氣質的提升。

塑造店家風格
打出時尚感的黑白金品牌

　　我開第一間二層樓店面的時候，就有想要開連鎖店的念頭。有一回我的一位客戶到店面做美甲服務，她一進來就說：「哇賽，廁所裡居然有小香水專區耶！其他店頂多只有棉花棒或是衛生棉，但是這裡竟然有小香水可以補，女性真的會很開心！」對我們來說，女性客戶特別需要專屬的服務，像是做完身體要有補髮妝的地方，所以吹風機絕對不可以少，這些細節我都非常的注重。

　　「KiKi，你不要太貪心，有店面了，為什麼還想要開連鎖店？」

　　我常常跟我的夥伴分享：「夢想沒有極限，有想法我就會試著去做。」我常這樣鼓勵他們，想要就要做到。連鎖店的計畫，就是想要讓這些服務可以拓展，堆疊我們的品牌價值與豐富性。當初設定的規畫，有行銷、網站、服務訓練……等等，

主打中上價位客層，並且要讓客人覺得這品牌很值得推薦給更多人。

為了能夠推薦給更多人，竹北旗艦店裡有設置一間教育訓練教室，當初規畫這教室時，設計師跟我說：「為什麼要搞得這麼麻煩？教育訓練讓美甲師自己學習、自己練習就好了，又不關你的事。」因為大多數的人如果在店裡練習，一定會把器具擺滿，所以我寧可犧牲坪數效益挪來做教室，也要讓顧客保有優質的舒適空間。

過去幾年我們很踏實，一步一腳印照著計畫設定走，目前也草創了旗艦店示範點。在規畫版圖時，我有一種思維：不要只是想做就做，不要因為想開很多分店就隨便開，然後就倒了。我現在反而是先求穩，怕是如果開了第二、第三家之後，配套措施銜接不容易，就會發生類似以前的蛋塔風潮，品牌堆疊沒有辦法持久。我的品牌以及未來規畫的連鎖店，是期待未來可以到國外發展。

從見多識廣到落點分析
了解實戰跟理論派的差異

很多人問我：「KiKi，我不知道我現在要做什麼？怎麼選工作？你怎麼選的？」

當年我在選擇的時候，什麼都敢嘗試，就是多試，不要怕交朋友，不要怕接觸人。這中間可以認識到許多四面八方的朋友，從這些朋友又可以了解到，每一個人不同的思維和想法，就可以培養跟學習與對方溝通的能力。從 18 歲開店到今年 33 歲，這十多年的工作經驗，讓我理解到，在社會上除了專業技能、資金之外，想要經營事業，擴大版圖，什麼才是最重要。「當然是人脈，學到、用到，還要有人欣賞！」

我的先生畢業於資訊科系，跟現在工作沒有太大關係，我問他：「你讀了四年都沒有用到，花了這麼多錢，會不會覺得有點浪費。」又問他：「那你為什麼要念書？」他經常回：「你不能這樣說，如果我沒有念大學，就不會認識你，好險我們因

為大學而相遇。」

　　這樣想想也沒錯，這四年的大學的確值得，認識我是念書的附加價值，可是跟職涯銜接真的沒什麼關係。

　　我繼續問他：「你覺得，如果我們沒有在一起，甚至結婚，你現在會比沒認識我過得更好嗎？」他回答：「不會，因為以前有一些朋友，他們都是在工廠工作，一個月頂多二、三萬左右，但這是他們不喜歡的工作，只是為了生存而工作，不是為了人而工作。」所以，我很鼓勵年輕人 19 到 24 歲這段時間，多去嘗試不同的工作，因為一定要去接觸到很多人，才知道不同社會階層的人們，是怎麼思考的，他們是怎麼去賺到錢、過精采人生！譬如，小時候我曾經接觸到八大行業，我就會知道他們是怎麼賺錢的，但是我清楚那一些不好就不會去碰。**在人生或是生涯的選擇上，可以從「見多識廣」到「落點分析」**。怎麼落點分析呢？就是認識很多不同的人、不同的生活習慣、不同的賺錢方式，兩相去做比較。因為你認識到很多人，所以可以選擇你最喜歡的方式，照著興趣跟天賦走。只要提早規畫，

就能提早賺到第一桶金，開始建立更多人脈平台，互相交流賺錢資訊來賺得更多。

當我二十六歲就做到了百坪店面。大家都問我說：「可以教教我們嗎？我們也想要跟你一樣。」剛開始聽到這些話的時候，我很開心，從剛開始學技術，我就很愛分享，只要學到新的方法，就會分享給店裡的人。有了得力的左右手之後，經營了百坪店，我也開始分享創業經驗。

我常常跟剛畢業的朋友分享：「創業不難，可是要找到好的老師很難！老師很多都很會說，但你應該要看清楚，他自己有沒有做到。」當你挑到真的好老師後，你要問：「我該怎麼做才會跟老師一樣成功？」

在創業初期盡量要走實戰派，因為很多老師理論講太多，自己卻沒有實際經驗，就會誤導很多學生，以為要準備好很多理論才能開始衝事業，但其實這樣反而會背負太多包袱。創業初期想衝的時機點很重要，如果過了想衝的年紀，創業的動力就會減少很多。

很多人問我：「為什麼敢開百坪店，你不怕賠嗎？」我從很小的時候，身上就沒有任何的負擔，沒有任何的後顧之憂。大部分的人最怕時間限制，過了 20 多歲，有車有房有小孩後，要衝就會變得很猶豫。多數朋友會跟我說，在園區工作很穩定，但為了生活品質跟規畫，有一陣子非常想要創業。因為是工程師，所以寫了很多的創業計畫書，之後還是沒勇氣創業。也有人想做網頁，接一些小單，但遇到某些瓶頸，就又退縮了。

其實，創業不見得要寫計畫書。在此，有些創業心法要跟大家分享：

第一、**要找到真正適合自己的行業**，如果連聊天都很不順，就不要勉強自己，回去當個專業工程人員就好。

第二、年紀越小就越不要怕，多嘗試才可以累積經驗開拓眼界，記住，**年輕就是你的本錢**。

第三、一定要多認識人，**建立自己的人脈平台**。

不能衝動創業

經營管理要想清楚、按步來

一開始，我就沒有只想做個人工作室，一定是請專業協助開店，因為我想當的是管理者，所以很快就請人了。

很多人都勸我，怎麼不先做工作室，等賺到錢後，再決定要不要登記公司。我覺得很奇怪，如果你希望自己做到 A 目標，應該集中火力前進，不會只想試試看吧？先兼職好了，有了客人再做大，如果真要開店面當老闆再請人。

開百坪店面是我原本就設定要達到的目標，所以同時間，我會想百坪的店面要有多少員工，開設在什麼地點一定會有大量的來客數……等等。這就是很多人跟我不一樣的地方，大家都說要等到有這樣的來客數，再去找員工，員工夠多再去找百坪的店面，難怪很多人離目標總是很遙遠，因為創業不是有做事就好。

　　「我每天都做很多事情啊，都有跟美甲相關，有做一到二個客人，甚至還要掃地！」怪了，很多人每天都說有在工作，有在做美甲，但我聽來這都只是在做練習罷了，做這些事跟展店以及實踐目標有關嗎？實際上，很多細節都沒有想清楚，只是覺得自己有在做，就像有個朋友跟我說她想要變瘦，餐餐少吃，卻常常喝高熱量飲料，不是一樣的道理嗎？

　　「老闆除了專業美甲技術，還要懂人事管理、財務、成本、廣告行銷、網路行銷、產品經營、市場狀況等等。」很多人以為開美甲店，只要懂彩繪美甲，其他什麼都沒有想清楚，如果你真的有上百名員工，大家要怎麼一起讓業績成長呢？所以我一開始就想很廣、很遠，想要集合有夢想的人，共同在夢芙平台發揮，讓誠懇及認同公司的人，入股一起創業。

管人理事不容易
會做人比會做事重要

店務管理，一開始還好，但到後期人事管理真的很麻煩，因為以前才三、四名員工，又是權威式領導，所以他們都是一個口令一個動作。當夢想越來越大，員工越來越多，就有必要先樹立一套標準。不過說得容易，做起來還真的不容易。

「我們的團隊要變大變強，人員絕對不可能只有幾個人。」以前我逢人就這樣說，大家就會提供我各種管理方法。或許是老天爺成全我的祈禱吧！後期從兩家店整合成一家店，人員真的越來越多，溝通因此開始變得比較複雜。

我們沒有辦法期待大家都跟機器人一樣，只做事沒有情緒。大家都有不同的想法，情緒也會互相感染。記得以前布達一件事情後，有些人會聽，有些人不聽，於是可能演變成小團體，我因此有點生氣：「為什麼講了一次還聽不懂，明明照做就對了！」那時候因為年紀很輕，和大家相處就像跟朋友差不

多，很難面面俱到。後來，我請教了很多老師，結論就是，如果個人特質不適合管理人員，建議借助專業人士管理人事。

　　透過店長傳達、布達，能夠減少摩擦。「我們一開始是沒有店長的，是到了經營約三、四年才開始有店長，所以現在，我都會建議展店要先規畫店長缺。」如果規畫者會有無法掌控整體大局的問題，有店長會比較好。不同店有不同的店內氛圍，團隊可以一起創造不同風格。「大家都是相當重視店裡的感覺，女生嘛！要在店裡待很長的時間，所以感覺跟情緒的影響很重要。」有一次，客戶來我們店裡美甲，後來問我說：「美甲師是不是跟其他人吵架？」看吧，只要氛圍稍有變化，連客戶都感受得到，所以想要創造完全美好的氛圍空間，是需要花點工夫的。

　　要如何挑選適合的店長呢？我一開始也沒什麼特別標準，就只論資歷來選店長，結果一連汰換過好幾位，才慢慢發覺，不是要選年資久的，而是要先選會不會做人、有沒有辦法與人溝通，最後再來看會不會做事。**李嘉誠的成功哲學是「會做人比會做事還要成功」**。我在台大演講時，曾跟大家分享，要找

儲備幹部，一開始就要針對幾個特質：

第一、要思考他有沒有學習意願。

第二、要看他有沒有積極的態度，這樣的人比較會做人，會想得比較周全。

我曾經有位店長，他將店裡生意經營得很好，也很會做事，但很不會做人，所以近八成員工都不喜歡他，這樣子你再會做事也沒用。「在員工的心中覺得，你很會做事關我屁事呀！你沒有在乎我的感受，你也沒有關心到我。」老闆也要會讀心術，要重視團隊，清楚多數員工在乎的是什麼，老闆在管理上要重視員工的需求，經營才會長久。

結果，我之後選店長都會比較謹慎，因為他是員工跟老闆的橋梁，真的要很會跟人溝通，也必須要有將事情妥善處理的積極態度。如果從做人、專業度、個性三項評比，要著重在找處事周全、與人和善的店長，這樣就能夠減少店內的摩擦衝突率，做老闆的也比較省心。

個人賺錢簡單
財務控管卻成難題

「技術賺錢很容易，賺到錢之後算錢很難！」有人還以為我在炫耀錢賺太多，但說真的，算錢真的很難！

沒有人天生就會創業，所以一開始我也沒有什麼財務跟成本的概念。開檳榔攤的時候，賺的是快錢，讓我覺得賺錢很容易，所以我只有一個心態，就是錢沒了，再賺就有了。老實說這種心態並不完全正確，也導致我以前對財務概念不夠健全。那時候就是用自己賺的錢，再跟一些人借錢，就這樣開始創業。我覺得自己在賺錢的時候，一直很幸運，不論是個人作業或是小工作室，買材料都很容易，所以一開始我也沒有算入這些成本，還好沒搞到負債。

很多人一開始也跟我一樣沒有自覺，直到要開更多間、要擴大版圖的時候，才會遇到這個難題。

「開第二間百坪店的時候，因為有兩家店要叫貨，成本管銷項目越來越多，財務就變得不簡單了。」我的支出超大，如果沒有控管財務，那一定會倒！不騙大家，這可是親身經驗。開了第二間店後，大家都說老闆娘生意越做越大，可是前三年其實真的滿辛苦，甚至沒有辦法打平，支出比收入還多。現在想起來都會後怕。還好當時第一家店賺比較多，就把賺的拿來貼第二家店，可以說當時根本都沒有什麼盈餘。

　　大家問我是怎麼處理、渡過這個時期。老實說，我陸續請教了很多人的建議後，決定要把第一家併到第二家，那時還懷了女兒，卻特別跑去報名經營管理的課程，又加上要報稅，也要了解稅法，因此也報了會計師的課程。推薦要開店的人可以先去學習這些課程，如此邊開店邊操作，有任何問題就可以馬上在課堂上詢問老師，這樣更能精進自己的能力。

　　對於店面的支出財務，我看了《富爸爸，窮爸爸》一書，還有財經、商管的書，了解有錢人是如何管理他們的錢，也去上了現金流的遊戲課程。我會分得很清楚，公司的錢是公司的，

個人的投資金額是我自己的，公司的錢就需要請會計師來教我。以前也不曉得要去學這些，覺得錢就是不管怎麼樣，有賺就好，會進自己口袋就好。直到有第二家店的時候，金流的規模變龐大了，要管理的東西變多，要管的人事也變多，靠店長跟會計師記帳外，我也開始利用財經系統軟體，方便經營管理。建置這些系統都需要時間跟觀念，所以我還是覺得，一開始自己設定的目標很重要。

在創業的過程中，會有很多意想不到的事，有時候會讓人因此不敢向前。

我曾經聽過一句話：「當人面對最大的危險時，心中的恐懼反而是最少的。」

熱愛挑戰的我，25 歲時去高空跳傘，站在機上準備，感覺很可怕，但跳下去的那一秒，就覺得人生很美好，也發現「恐懼」是自己想出來的，沒必要杞人憂天。

平台共同合作
邀請合作夥伴

　　之前發展美甲時，也想要一併發展美睫，於是著手徵召員工或合作夥伴。有人疑惑：「單一商品不是比較好管理嗎？」我的想法是，我既然擁有固定的店面，就想要找大家一起來共享平台。此外，找合作夥伴也多了一種收入，我們借用場地給對方，會比照百貨公司，或是其他平台的上架費用，我們抽二成五，對方抽七成五。當時有一位剛學美睫的初學者來合作，因為我經歷過起步艱難的階段，所以很想藉由合作，幫她解決一開始經營事業會遇到的困擾。

　　初學者最大的困擾，就是一開始不知道要去哪裡找客戶。他看到我們公司規模還滿大的，而且還有兩個店面，十分心動。這是我第一次以這樣的拆帳形式聘請合作夥伴。

　　老公問我：「你不是雇用了很多的員工嗎？差別在哪？」我說：「不一樣啦！以前都是老闆跟員工的關係，這是合作夥

伴耶！對方跟我一樣也是經營者，是平行互動。」

當初第一次面試時，覺得這個人還不錯，也滿有誠意和專業，於是簽了兩年約。她來到我們這邊，立刻就能接觸到五、六千個客戶，我們也會協助夥伴行銷，行銷上掛著我們公司的理念「愛與美」，效果很好，初期幾個月就忙到沒時間吃飯了，她也相當開心，大家配合得很愉快。

要找對的人上車，當然夥伴也要挑專業的，對方一定要足夠自信：「我技術很好，客人嘗試過都會繼續跟著我！」大家都喜歡有自信的夥伴，但是，技術者出身的我，非常理解技術者通常會有個小小的盲點，「我有的是技術，想怎麼做就怎麼做。」可是如果只是這樣想的話，你要跟別人收高價就會很難。大家一定覺得怎麼可能，但是事實上就是當經營到專業，而且想要拉高收費，一定要先設定「客層」。

把客人當朋友

知道各種客戶層在意的是什麼

把客人的心捧在心上,就是我最開心的事情了。

人家都說經營客人,可是我都是當成交朋友。當你朋友有
事情的時侯,你會想要跟他講什麼?真誠用這樣的心態去做互
動。比如說:有的時候客人一來,他可能沒時間吃飯,那我們
就會為他準備一些茶點;或者是當客戶帶小孩來,我們店員就
會幫忙帶小孩。其實媽媽帶著孩子出門會有點麻煩,會擔心打
擾到店家,可是來的是朋友這邊,就不需要擔心這些問題。

在還沒有生小孩之前,其實我沒有很喜歡小孩子。但當自
己變成了媽媽之後,才更會換個角度替客戶著想。不知道你們
有沒有注意到,有些小朋友到店裡,可能會太活潑而到處碰這
摸那的,我考量到這一點,所以在設計旗艦店的時候,就會想
要打造一個可以讓小朋友開心、玩得安全的空間,像是美甲台
下方的玻璃門,我也會提醒客戶特別小心。

　　有一回，我的出版社朋友來店裡做美甲，小朋友剛好喜歡看平板播放的卡通，可是媽媽的平板沒有電了，店裡夥伴二話不說，貢獻出他自己的平板，讓小孩子可以繼續把卡通看完。這樣看似小小的貼心舉動，其實就是最有效的服務精神。我們只是想著要把顧客照顧好，讓孩子也能自在的在店裡玩耍，因此就讓雙方都會感到很舒服。**這就是我們常說的同理心，替人著想，把對方的事情放在心上，就能建立最好的信賴。**

　　此外，對於員工的服務訓練，我後來有建立一套系統，譬如客戶喜歡的聊天話題與不喜歡的話題，都會有會員紀錄，免得美甲師交替的時候，會錯失客戶的資料與喜好。聊天不見得非有重點不可，可是如果聊到客戶不喜歡的話題，就有可能踩到地雷，讓客戶產生不愉快感受。同時我們也相當重視客戶的隱私，力求讓顧客來我們夢芙消費時，都能夠感到十分安心。

利用行銷管理軟體
建立尊榮會員資料庫

以往許多傳統工作室，都靠店裡的美甲師經營顧客，但是，換個角度想，如果總是靠「人」來經營事業體，那麼，若有一天，顧客熟悉的美甲師沒空或休假，反而侷限了顧客的選擇。所以，後來我決定，使用專業的管理系統，管理尊榮會員資料，畢竟！每位會員對我們來說都非常重要，我們除了要懂得做行銷、開發新顧客，也要能夠提供完善的服務給舊顧客。

此外，在客戶經營上，只要客戶選擇我們，我們都會盡心服務到最好，可是每位美甲師，每個月都有營業額平均值，假設想要修正方向或追求進步，該怎麼做呢？我們可以從業績報表中的各項數據，結合顧客資料與消費紀錄，抽絲剝繭出許多蛛絲馬跡，例如：顧客一個月才消費一次，消費金額偏低，聊天的時候並沒有特殊狀況，就要回頭檢討自己的服務，是消費環境不夠優？服務不夠好？還是價格可以調整？運用系統化的

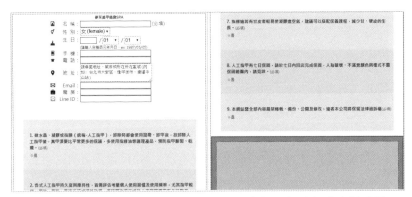

▲客戶來自各行各業，透過平板提供顧客填寫，自動完成資料建檔，結合顧客管理與分析。

資料庫來管理顧客，從真實的數據中發現問題！

　　過去我們都是單店單人管理，未來我們希望可以提供女性客戶更優質的服務，透過系統，管理顧客需求與消費紀錄，除此之外，我們更會善用系統來分析與了解行銷方向，讓對外的行銷能夠精準；另一方面對於內部也需謹慎審視、檢討改善以及增強人員素質，提升顧客滿意度與回流意願。

項目	2016/03	2017/03	達成率(%)	成長率 (%)
一般				
業績	2,350,615	3,918,780	167 %	+67 %
技術業績	1,839,190	3,096,120	168 %	+68 %
店販業績	511,425	822,660	161 %	+61 %
客次	1,144	1,542	135 %	+35 %
客單價(次)	2,054.73	2,541.36	124 %	+24 %
客單價(位)	2,726.93	3,652.17	134 %	+34 %
技術操作				
手部保養	30,550	29,600	97 %	-3 %
足部保養	33,750	33,500	99 %	-1 %
卸甲	2,700	7,200	267 %	+167 %
養護健甲	301,865	290,050	96 %	-4 %
其它單項	11,000	30,500	277 %	+177 %
美睫	33,000	53,100	161 %	+61 %

▲透過系統管理顧客需求與消費記錄，以利提供客戶更優質的服務。

　　談到顧客諮詢，我相信很多人沒有想過，其實受女性歡迎的店，更要重視客製化，因為每位顧客都是獨一無二的！有很多人第一次來店裡接受服務時都說：「美甲師好會聊天，每回跟她說過話，心情都被療癒了，甚至回去之後，看到指甲就想要再來。」我認為一個專業的美甲師，除了技術、服務要好之外，也要懂得跟顧客聊天，分享顧客對於指甲的喜好跟搭配需求，例如：一個常常開會的外商公司主管，可能會比較喜歡跟套裝搭配得宜的美甲，那麼我們給她的諮詢建議或提案，就該

朝這方面進行。這些資訊都是聊出來的，因此，跟顧客建立良好關係真的很重要！我們必須真心了解與關心顧客需求。

美甲師服務完顧客後，都會詳細的將顧客此次消費的相關資訊與重點，鍵入系統資料庫，每次在幫顧客服務前，也都會調出顧客過往的消費紀錄，事先了解顧客喜歡的造型風格，在諮詢時，讓顧客感到專業與窩心。我們更會提供每位顧客自己專屬的會員密碼，讓顧客在自己的手機上，也能看到消費紀錄與額度。另外，也會針對老顧客回娘家，提供特別的折扣或是小禮物，透過這些動作與細節，顧客反應與滿意度都相當良好。

我們的顧客來自各行各業，透過系統化的資料庫建檔，進而分析出顧客的喜好、習慣等等，服務客人斷斷不能單憑自己的喜好，有時候也要美甲師跟顧客互相媒合，假如第一次服務過程不太順利，我們也會再安排不同的美甲師服務顧客，因為我相信每個人的品味跟美感，雖然會有差異，但一定可以透過聊天，達到彼此滿意的狀態。

單色凝膠 - $1,275 凝膠加一色 - $150 彩繪 - $225 鉚釘 - $30	2017/05/02 14:01:47 手GEL單 5.2j
紋繡-眉毛 - $8,000 紋繡-唇部 - $15,000	2017/05/02 14:08:21 眉毛+唇 4/19K 訊 s
凝膠卸甲+重作 - $95 單色凝膠 - $1,615	2017/05/02 14:29:59 手GEL重作 0502E 剩2隻要卸
手修型/甘皮處理 - $383 手上色 - $298	2017/05/02 14:37:56 手法式上色 F4/24 LINE
凝膠卸甲修護 - $680	2017/05/02 14:46:57 手gel卸甲 5/2 L
巴西式除毛 - $1,896	2017/05/02 16:38:10 私密除毛 5/1i 5/2e

▲美甲師服務完顧客後，都會詳細的將顧客此次消費的相關資訊與重點鍵入系統資料庫。

　　如果說，你只想永遠開個人工作室就好，那我會建議你不需要使用管理系統。但是像我打從一開始，就是以想要有規模的品牌店面為目標，那麼，就必須透過數據分析，來估算行銷預算，幫助我決定錢應該要花在哪邊。我常說：「投資要有投

資報酬率，花錢也要花得有效益。要知道哪裡比較容易中獎，而不是亂槍打鳥。」過去，我們試過很多無效益的行銷方式，像是一古腦亂發 DM，發了一千份才招來一個客人，那樣根本就是浪費時間成本與人力資源。

就我自己的經驗，我想要跟大家分享，開店時除了要開發業績，當然能省則省，省下的部分，就可以撥出預算，投入在更多服務與學習上。所以好的管理系統，可以讓大家省下很多隱形成本，比如不必要的 DM、不受歡迎的贈品，就都不用再做了。不過，前提是這些都需要透過系統建檔管理，以及各項數據分析，讓我們從錯誤中記取教訓，否則還是會亂花到不該花的錢喔！

彼此尊重與良性溝通
奧客？服務至上？

我記得以前年輕時，滿常遇到奧客，過去有朋友說，我給人比較高姿態的感覺，現在已經改很多了，這是因為這段時間經歷太多，讓我也修正了許多人生觀。

早先，在店裡有銷售指甲片，質感較好的售價約五百至八百元，有些客人一進來就說：「你們怎麼賣這麼貴？」進門就先嫌棄一番。當時年輕氣盛，就會回應：「你可以到只賣五十元的商店去買。」早期的我，是那種語調很客氣，講話卻很酸的人，現在不會了。為什麼會有所改變呢？因為我覺得，做生意講求以和為貴，服務業本來就是一種會遇到形形色色客人的行業，我們應該要珍惜每一段緣分才對。

我跟每一個客戶都是博感情、交心的，不是「客尊己卑」的模式，所以大家都是朋友，互相尊重。當然有些人可能會說：「服務業就是要以客為尊。」我覺得夢芙妞都是專業服務者，

不論是環境還是人員的專業訓練都很齊全，客人是喜歡我們的服務、我們的專業，如果遇到比較不講理的客戶，我也會盡量跟對方好好溝通。

我們曾經遇到過「不講理」的客戶，就是長期遲到，或預約突然沒來，或硬要跟美甲師要求在某個時段服務。當時我們設定「會員制」是讓客人覺得享有尊榮感，並不是代表會員就擁有優先權或專權。公司是採輪排制，不是說會員就能夠隨意變動排班時間。這類的客戶我曾經遇過幾回，老實說，並不太好溝通。但我還是會很有耐心的解釋：「如果客人喜歡指定，但是又很愛遲到，恐怕會影響到美甲師的其他時間，甚至如果因為這樣而影響到其他美甲師，就可能會有不好的連鎖反應，畢竟，客人約的時間都是固定的，前一位約十一點到一點，下一位就是從一點開始⋯⋯」這樣以退為進的良性溝通，多數客人都是願意接受的。

曾經有位客戶，每回預約都慣性遲到，我就很不高興。有一次他在同一天改了兩三次時間，又不認為自己這樣做會造成

別人困擾，當下我就很生氣，剛好他喜歡指定的設計師不在，於是我就跟對方說：「真的很不好意思，現在無法幫您服務，除非您要等那位設計師回來，否則沒有其他美甲師可以為您服務。」後來得知客戶曾跟美甲師抱怨：「第一次看到有老闆這麼高姿態的！」但是，我們並不是高姿態，我們只是尊重彼此，所以才會願意溝通，不是嗎？

提升自己才能遇見優質顧客
創造每一次的專業服務

　　每個開店的，誰不想要客人上門？但重要的是，懂得和上門的客人建立良性互動。其實客人都是很信任我們，才會成為我們的會員，也因為這樣的緣分，所以我們更要跟客人「以誠相待」。

　　我會教育我的員工，如果客人做某樣事情，影響你個人可以，但如果影響到其他美甲師就不行囉！假設有十位美甲師，有部分人會遵守原則，盡量不讓自己的客人遲到，如果遲到了就寧可不接，因為他們是用時間來算錢的。在良性的互動下，最後顧客就變成零遲到；若是客人遲到，就會提醒他以後不要遲到，因為如果遲到三次以上，就會無法為其繼續服務了。時時提醒客人，也算是一種專業上的貼心服務吧。

　　我們常常會抱怨：「為什麼我老是會遇到這種事情？」有時侯是源於個人習慣。我不太會去想怎麼樣留住客人，只是用

心把自己該做的服務、本身的專業度做好，這樣一來，客人也會知道我們的價值在哪，而不是因為一直怕失去顧客，就讓他們的不良需求，影響到自己的進度，甚至影響到其他顧客的權益，這樣只會產生惡性循環。

要把自己當作品牌來經營。專心服務每一位顧客是相當重要的，要珍惜每回跟顧客接觸與互動的時間，讓客人想到你都會微笑，那就成功了！人際（顧客）關係真的很重要！而且要有原則。

過去我上過很多老師的課，開店的時候也曾經擔心過客人不來的問題，到現在開店十多年，一路從懵懵懂懂，受過很多挫折，甚至是負債經營，漸漸摸索出怎麼跟客戶建立最好的關係，得到的結論就是：**「人際（客戶）關係真的很重要！而且要有原則。」**因為很重要所以要重覆一講再講。只要努力就一定可以改善，先從改善自己開始，然後跟客戶創造良性的互動。

網路行銷是趨勢
行銷方案變得多樣化

團隊、技術、服務如果沒有先搞好，行銷做了只會有反效果。

以前我們會有會議記錄，都會存放在公司中，早期內容比較簡單，是用手寫，後來開發了系統軟體後，就改記錄在系統中了。想起這十多年來的微型創業歷程，從無到有，一步一步慢慢變成現在的規模。也因為這些記錄，創造了許多行銷的記憶點。

我會自動自發去學習階段性需要的東西。有一回，我在跟美甲老師學習時，有位執行長開課，他說：「可以創造店頭的週年慶活動，增加客戶的記憶點。」知道之後，我有嘗試實行，第一年辦得還不錯！客人的迴響很好，於是接下來我們每年都

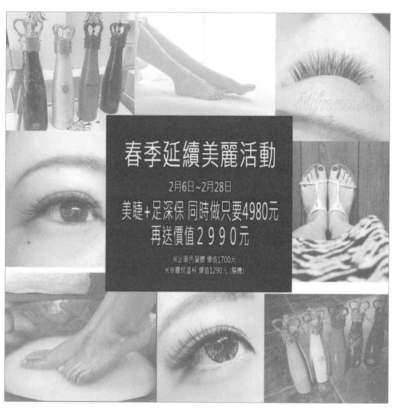

春季延續美麗活動

2月6日~2月28日

美睫+足深保 同時做只要4980元

再送價值２９９０元

※足單色凝膠 價值1700元
※華麗保溫杯 價值1290元 (隨機)

▲行銷方案從歷次會議記錄整合而生，創造出許多行銷記憶點。

舉辦，而且夢芙妞們，會不時提供不同的創意跟建議，我們全員一起動起來。

有時候客人會主動來問我們：「今年會有週年慶嗎？活動是什麼？」當然，除了這些，美甲師也可以使用 LINE 通訊軟體，針對店裡活動做貼心小提醒，但是又不能讓客戶覺得打擾到生活，所以這是有技巧的！

首先，要主動關心客戶近況及生活（但不涉及隱私），再跟他說我們有推出什麼樣有趣的活動，吸引客戶主動詢問。要注意，跟顧客聯繫不能都只有推銷，最好跟顧客保有其他互動，每個客戶都是我們的朋友，如果你每一次都只是光用 LINE 通知店裡有什麼活動，請他回來消費，其實就只是在推銷。而且女生心思滿細膩的，這類活動提醒，點到為止就好了，也算是互相尊重。

一開始我還沒有使用臉書的時候，每年舉辦週年慶，都會有一筆預算印很多面紙 DM，這一筆預算，後來就變成了臉書

行銷的預算。因為現在已是網路世代，並且以口碑式行銷為主。但是預算必須要先設定好，如果網路廣告有效，就算是好幾十萬，有效的預算就是得花。

我從來都不排斥採用新的行銷廣告方式。以前發 DM 是請員工去發，會有區域性跟精準度的考量，但是現在卻不太適合這樣做了，因為現代是網路世代、3C 至上，雖然發放 DM 比較有精準度，卻會比較辛苦，而且只適合在台北市或者鬧區。行銷宣傳除了講求有效、精準外，錢也要懂得花在刀口。很多人覺得臉書有免費的先試試，可是這樣效果會好嗎？我跟她們分享：「以現在人們的習慣，人手一支手機，每人每天幾乎都會看臉書跟 LINE 好幾次。有經營臉書，但卻不敢花錢買廣告，那你怎麼知道，實際花錢之後有沒有效果？」

我請教過很多人，怎麼下廣告才有效益。後來我發現，現在的趨勢就是這樣，我們必須跟著流行走。以前一開始臉書 PO 文效果非常好，可是現在臉書也需要賺錢，所以你得花錢

才能打廣告，即便如此，這錢還是得花，好的文案也要被看見，才算是有效行銷。

此外，我們還會針對季節、針對客戶、針對商品，定期設計會員優惠。其實很多行業都在這樣做，但要能長期落實真的很重要，因為客戶對於回饋都感受得到。我還會經常設計最新、最流行的款式，讓來過夢芙之後的客人，走到哪都一定會被稱讚，甚至被羨慕：「哇！你變得好美喔！」、「這樣好特別喔！」

行銷系統化

從此不再亂槍打鳥

　　很多人問我，為什麼要使用管理系統？我認為，也許一開始，會覺得使用系統軟體很麻煩，但是久了你就會做得很順利。早期使用紙本紀錄，時間一久，紙本資料累積越來越多，佔去過多的空間，資料也不好找，還會有遺失的問題，再加上我們做行銷，需要數據分析，藉由系統管理會方便許多。以前傻傻的不會使用，現在我已經明白，時代在進步，我們不能一直停留在過去的管理方式，產業其實要跟大環境的趨勢走才對。

　　舉例來說，假設每一年我有五百位新客戶，如果我們是使用紙本紀錄的話，要用人工，一個一個辛苦整理；如果使用的是管理系統，則可以透過分析，迅速知道五百位客人當中，有多少位會變成真正的會員客戶，以及每個月的回客率有幾成，就能估算店面留客的能力高低，進而找出問題所在。開發一位新顧客的成本很高，因此留客率非常重要，如何提升留客率，不讓它降低？就變成行銷時重要的評估。

　　此外，有了這些數據，就可以建立口碑行銷的聯結。「什麼是口碑行銷呢？」簡單來說，如果我們能持續為舊顧客提供好服務，他就會再帶一些新顧客來。我們也可以了解哪些顧客是一路跟著十年多的老主顧；又有哪些是流失掉的；還有哪些是特地因為結婚，需要指甲造型而來；甚至哪些客人彼此是有關係的……這些都是為了行銷而必須做的功課。

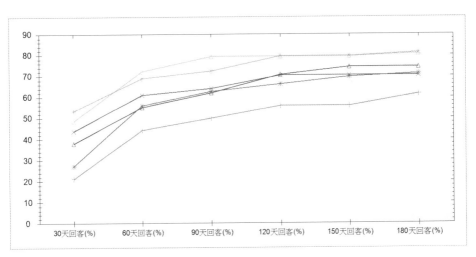

▲使用管理系統，可迅速分析有多少顧客會變成真正的會員，以及每個月有幾成回客率，藉此估算店面留客能力高低，進而找出問題所在。

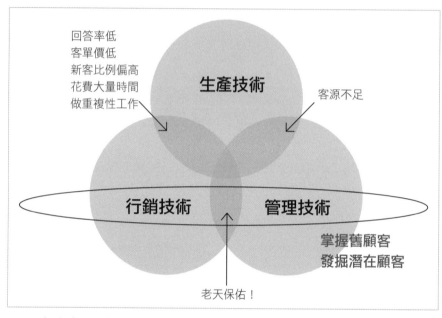

回答率低
客單價低
新客比例偏高
花費大量時間
做重複性工作

生產技術

客源不足

行銷技術　　　管理技術

掌握舊顧客
發掘潛在顧客

老天保佑！

▲投資也要有投資報酬率，知道錢花在哪裡比較容易中獎，而不是亂槍打鳥。

CHAPTER 4

團隊一起成功的祕密

有了技術雖然可以賺錢，

但想要擴張版圖，就要懂得找幫手。

技術者要有個人主義，經營者則是要將個人放一邊。

大家一起成功，比一個人成功更快樂幸福！

想展店就要找夥伴
複製技術也要複製心態

有了技術就可以賺錢，但是卻不能擴張版圖，如果有想要展店的企圖心，就要懂得找有共識，理念相同的夥伴幫手。

學了美甲卻沒有客人，我就到處發名片，去人家家裡做指甲。等到賺到錢了，我就馬上投資工作室，等工作室客源穩定了，就又立刻找店面，也找了親戚來幫忙。「我從來沒有想過只做一人美甲店耶！我就是要做事業，這輩子都要做美的事業。」

開了工作室後，很多人都喜歡找我做美甲，幾乎天天都是預約很滿的狀況，再加上我個性好強又勤奮，一下班就是拚命的練習，常常在工作室練習到晚上一點多。可是這時候新的問題就發生了，請問大家，一天有多少開店的時間呢？我算過從早上十點開店到晚上八點收店，全部採取預約制，做一次美甲

要兩小時,我一天下來預約滿檔大概是四到五個客人,可是只有我一個人,一直在忙做美甲,就沒有人可以接電話或是招呼其他客人。

「店只有你一個人,有時候都約不到你,可是我很忙,時間卡很緊,還要帶小孩,但又很想要讓你做,這樣指甲必須撐好久,都掉了!」後來,陸續接到客戶類似的反應。因為我很珍惜每個客人的信賴,希望每個客戶都可以接受最好的服務,因此我決定要找幫手。

如果要找人來店裡幫忙的話,我一定要求相當高,於是就開始找表妹來當我的右手,她那時候還沒想過自己的未來,我覺得美甲前途很好,希望能一起把事業做起來。還有就是,剛開始創業,我想要找能夠配合自己的人。既然是自己人,就不怕我魔鬼般的訓練,畢竟在這一行,技術跟細節都很重要。我表妹常說:「姊,不可能每個人都跟你一樣,簡直是魔鬼。」因為我 18 歲開始曾撐過不吃飯,後來開了店也很拚,沒有在

吃中餐，對自己很嚴格。美甲師是靠時間賺錢，有些人邊工作邊聊天，一天才做一個客戶，我不想這樣。我要精準知道客戶需求，從上凝膠、修磨、清潔，都要相當專注，不僅要掌握時間，做出來的指甲也要美美的。

很多人以為做美甲很輕鬆，學習美甲其實都有檢定測驗，每次測驗都不簡單。美甲師檢定考不是只有考一次就好了，而是分級的，從一級美甲師檢定、二級美甲師檢定到高階美甲師檢定，我都很鼓勵大家去參加考試，除了可以檢測自己的學習程度外，也是對自己能力的一種肯定。

「我是初學者，才幾個月，沒有能力馬上就跟你一樣。」我還記得剛開二層樓的美甲店面時，表妹常常這樣吐槽我，當時我們不時吵來吵去，下班後我要留下來繼續練習技術，她卻不要。我跟她說：「創業初期除了上班，下班就是要練習技術！」她氣死了，因為她要約會、要逛街，還要休息和陪家人。可是我們感情很好，我一直抓著她練習，客戶也互相交流，店

務一起做。

　　後來，店賺錢了，她也越來越上手，於是我們又增加了新人手。其實這些事情她都做得到，技術就是靠時間跟實務磨練，越磨做得越快，經驗也會累積，就像倒吃甘蔗，先苦後甘。當她發現自己也可以達到高標準時，超級開心，「哇！我真的做到了！」我們還抱在一起尖叫。

與團隊一起成長
從簡單管理到拓展系統

規畫人員訓練，如同二十里行軍，要有階段性而長期的進行。

我們做技術業的，如果是經營個人工作室，只需要把行銷和顧客管理做好，大致上生意就會不錯了。但是，如果今天經營的是公司和團隊，這時候要學的，就不只是技術，比如產銷、人資、財會等很多方面的技能都要學。**技術者出身的老闆，很多事都是我們要去主動學習、要懂得的，這樣你才有可能帶出好團隊。**

從經營小店到大店，想法自然會跟著有所不同，以前會投入很多時間在外面學技術，那時候，覺得大多數創業者都比較重視美甲師個人，會被美甲師的去留所影響。可是我比較重視的是如何經營一家店。

我們夢芙是有企業文化的，我老公常笑我：「你把夢芙妞

當成軍營的軍人在訓練呀？」雖然剛到我們公司的員工都很訝異這種訓練方式，但訓練的意義，是要讓一家公司有一個完整的規畫。像公司在年底時，會規畫未來一年的展望，公司需要做什麼？不僅如此，連同我們公司每一個人要做什麼、學什麼，想要達成什麼夢想，都會列入你的「未來名單」當中。所以我們公司人員的流動率非常低，而且公司不用徵人，就會有人一直想進來。

夢芙的年度規畫方向有：

● 晨會、週會、月大會

● 訓練技術、服務

● 績效報告

● 愛心慈善

● 週年慶

● 員工旅遊

● 溝通

2015 計劃表		1月	2月	3月	4月	5月	6月	7月
銷售活動	暖心足浴	～2/28 止						
	二人同行服務項目 7 折			3/1 ～ 3/30				
	母親節活動 足深以上送造型養護					5/1 ～ 5/14		
	周年慶預購							7/1 ～ 7/7
	周年慶活動							7/8 ～ 8/8 止
	足頂保 6.6 折							
員工活動	自強活動 -2 天 1 夜（不扣私假）			3/31 ～ 4/1 止				
	員工旅遊 -2 萬元 / 人（扣私假）							
	春酒			3/4				
	三節禮品		2/19 春節				6/20 端午	
	員工健檢（私假）							
	TNA 比賽					5/17		
	TNA 二級檢定							
	TNA 一級檢定							
內 / 外部訓練	訓練除毛師一位							7/1 上線
	每週三晨課（禁休）- 內部訓練							
	晨課 - 服務訓練							
	晨課 - 團隊訓練							
	晨課 - 英日文學習							
其他	下班時間調整 - 過年 22:00 下班		2/13 ～ 2/17 （禁休）					
	下班時間調整 - 周年慶 21:00 下班							7/1 ～ 8/8
	過年店休日		2/18 ～ 2/22					
	月大會（禁休）- 公休日			3/4			6/10	
	周慶慶功午宴（14:30 打掃，15:00 營業）							
	慈善義工一日（未訂日期）							

▲我們的年度計畫豐富，員工活動諸如服務訓練、語言訓練等，也包括有意義的慈善義工安排。

　　舉例來說，我們用系統化管理來鼓勵大家達成生活管理的能力。從星期一到星期日，幾乎每一位美甲師都有自己的工作

排程，生活是相當精采且均衡的，不會只有埋頭工作而忘了設定目標，每個人做的規畫，都跟達到夢想息息相關，能夠幫助大家提升對未來的專注力。

記得今年二月份在台大演講時，我曾經提到「商業模式的運作概念」。你的人員一直在流動的情況下，你的公司是不是一直在做白工？這對你的事業、你的營收有沒有影響？

培訓人才是需要成本的，一個美甲師的個人成長過程，跟商業模式有什麼關係？根據我個人經驗，其實關連性很大。我們花很多的時間金錢，在培育一個人才，倘若這個人的想法跟公司的制度文化不同，溝通上也有所曲解，那投入的時間金錢是不是都浪費掉了？一個人的教育訓練費用假設是 10 萬，一年走了幾個人？換算下來都是一筆不小的成本。

此外，因為夢芙一開始就會設定客層（目標族群），我們不可能讓初學者或剛畢業的學生，幫準客戶服務，會希望等到他能夠做到與企業文化要求的水平相當時，才可以為客戶服

務。但若是你連內部都擺不平的話，就會發現，表面上看起來像是有賺錢（經營業績收入），但實際上內部人員流動（人事成本支出），卻有可能是虧損的，等於你其實花了很多時間在做白工。所以，要先有經營管理的概念，不是報表上的業績數字好，公司就一定會賺錢，還要懂得降低成本，了解企業的現金流狀況。

要讓團隊有共識
有能量才會有動力

以前我都用威權式管理，現在則是採取開放式管理。

每天上班會遇到很多人，每個夥伴來自於不同家庭，每個人都有不同的價值觀。我們常常安排練習，有想要自我成長的人，會主動留下來練習到 10 點，但是也有遇過一些夥伴覺得：「不要，我要回家帶小孩」、「不行啦！我男朋友今天好不容易放假，到時候被其他女生約走就不好了」。有時候你為了大家好，也不見得大家會開心接受，價值觀不同的夥伴很難長久。後來，我就訂了一個讓夢芙妞需要建立起來的共同價值觀。

首先，公司需要價值觀定義，才能夠朝對的方向前進。大家最後的價值觀就是：第一、打造一個「愛與美的世界」為宗旨；第二、以團隊為主軸。每個人都有自己的想法，一旦意見太多分歧的時候，先問這項建議對團隊有沒有幫助？如果有，就要以團隊為主，將個人放在第三。

帶團隊不容易，所以要先建立起共同的價值觀，當一個新人進到夢芙，成為夢芙妞，對他而言就裡就是一個新環境，所以要先了解夢芙妞的三項價值觀，跟大家一起遵守，就會達成共識：

1. 宗旨第一、團隊第二、個人第三；

2. 大家贏我才贏 ；

3. 第一時間請與第一人處理。

再來就是讓大家有互助意識。長年在現場的經驗，讓我覺得互助很重要！有些客人來店裡，只要做手的部分，但其實負責的美甲師，可以主動開發做腳和睫毛的需求啊！當現場有這麼多美甲師，身邊又有這麼多夥伴，大家忍心看到別人在自己身旁坐冷板凳嗎？大家有沒有互相幫忙，讓人人都有業績？而這樣的互助習慣，在我們公司創造出一個很好的良性循環，有很多狀況不需要我去帶領，現場人員就會自己動起來。

之前在台大演講的時候，資深前輩曾經問我：「KiKi，上

次我有看到你們店裡面還做早操呀？真的很特別！」我看過很多不同產業的服務人員，會有店內員工激勵活動，我覺得非常好，就決定要在自己的店裡實行。這在美甲店產業裡真的很特別，因為大部分都是工作室，或是四、五人的小店面，但是我開了旗艦店之後，人員變多，我就想要多學習其他產業的東西，讓美甲店的教育訓練更豐富。

我們每天早上都會帶做體操，會幫彼此按摩肩膀，並互相加油打氣，提振一天的工作士氣。因為元氣滿滿的工作真的很重要，可能前一天大家練習美甲、參加比賽都很累了，一早來店裡還要整理、打掃、服務客戶，這種時候就需要更多的正能量，讓大家能有幸福美滿的心情面對工作，這是很棒的團隊互動方式。來過的客戶，都因此覺得我們的服務人員特別親切，這就是正能量的循環。

培養員工好習慣
自我成長經營自己

技術很重要，習慣也很重要，我要求大家的，我自己都會做到。

「考試或是上課只要遲到，就算晚一分鐘也會被扣錢。」

這部分絕對要有共識，因為開會和考試非常重要，而我也會告訴他們這樣做的原因：「如果有理想跟抱負想要達成的話，就要一起做，一起朝這方向前進！」一個成功的人，培養好習慣絕對很重要，我以前開店到現在，時間都不浪費，因為美甲就是用時間在賺錢的工作，我很推薦大家去參加比賽或考證照，在我們公司，每一個人都一定有專業證照。

在五、六年以前，我甚至會要求員工一定要考到證照，若沒有的話她就不是我的員工。魔鬼教練不是好當的！我覺得這些作法對於公司同仁來說，在技術上的確幫助他們成長很多，可是我要求我自己的表妹參加考試練習，而且還要扣錢，我表

妹就會吐槽我：「整天都練習，我們又不是你！」那時候我聽完就思考了一下，於是隨著團隊的想法而修正，現在才會變成採取開放式管理，大家一起開會，只要我們都是為了團隊好，每個人都可以提出意見。

順帶一提，大家知道為什麼一定要讓員工參加比賽嗎？現場臨場感的壓力，會帶給他們很大的幫助，因為在壓力下才會成長。美甲師是靠時間在賺錢的，客人也會有很多狀況，以前有個媽媽帶小孩來做美甲，後來小孩坐不住了，可是媽媽做了一半的美甲怎麼辦？如果一個美甲師的動作熟練迅速，只需要 40 分鐘就能完成，當然可以解決這個問題，也可以再接新的案子，所以，這中間到底流失了多少賺錢機會？很多事情都是要先設想好，後來我去上課才知道，這就是大學裡教授教的 EMBA 管理理論，但是我們卻都是由實戰的經驗中學到的。

若是有客人反應說哪位服務表現得很好，那我們就要當下獎勵他，每個人都要學會為對方喝采。幾年經驗下來，我發現很多老闆都不太會讚美員工，我剛開始會替對方抱不平，因為大家都很努力，表現也很好，可是老闆卻擔心員工比自己技術

還好，所以少鼓勵多貶低，這樣其實不太好。後來我自己開店，絕對不吝嗇讚美，這樣大家才會了解，我們團隊的努力是會被客人和老闆看見的。做得好不用我說，客人也會感受得到，也會回饋給美甲師，這就是正向的循環。

很多美甲師都是自己開一人工作室，其實這樣很好，發展空間更大，又可以訂立屬於自己的價值觀，未來想擴展的時候，找到對的人就沒問題。在面試的時候，可以觀察對方的價值觀，是不是符合公司的價值觀，相反的，他又是否可以接受公司的價值觀？如果沒辦法的話，寧可寧缺勿濫，因為找了價值觀不同的人上車，後面只會更麻煩而已！

我們做任何事情要「定時、定量、定流」。員工本身其實不喜歡變來變去，應該說每個人都不喜歡變來變去的，我們如果能給他一個方向，他就會很清楚知道，自己到底成長了多少，就會習慣規畫要去做什麼，包含我自己也是，其實把這些東西明確的訂定出來，就是為了落實執行。

有人有是非
要有共識和溝通

台積電董事長張忠謀曾經說過，溝通是一種乘數效果，你的學問跟本領，要發揮最大效益，都得靠溝通。不要因為溝通不良，讓多年學習的專長無法發揮。

這十三年以來，遇到許多管理鏈上的問題，深深讓我覺得有人的地方就常會有誤會。大家有沒有發現，其實女生比較不容易明白對方的想法？尤其是以女生為多數的環境，大家比較會計較。所以我後來會思考，到底要怎麼去管理員工？應該用什麼樣的共通語言？後來就一起訂出「打造一個愛與美的世界」為共同目標。

畢竟，人生不是只用來賺錢，而是需要擁有很多的愛。譬如：我們賺很多錢，是為了給家人更好的生活，所以我們就要愛護家人、愛護員工、愛客人，從「愛」的角度出發，帶團隊的時候，員工也比較會感受到我對她們的用心，就容易有共

識，溝通比較不會有問題。

有共識，才不容易有誤會。很多人是不太直話直說的，對方很可能經由現場傳話的過程，就產生了誤會，所以我們夥伴若有問題，一定要盡快跟當事人說，否則不但會影響服務態度與氛圍，處理不好甚至可能會影響到客人，客人其實是感受得出來的。有一回，A 和 B 兩位美甲師，以及一位客人在現場互動，後來客人私下詢問其他人，他們兩個是不是在吵架？怪怪的，一個做手一個做腳，客人居然可以感覺得到他們彼此的關係好不好！所以說，這種事情其實會影響到業績，也會影響到客人下次要不要來你這家店的觀感，對不對？所以，我覺得共識與溝通非常重要，因此訂下愛與美的價值觀，經過每天的晨會，讓大家潛移默化。

做人比做事還重要。我曾經請過一個員工，他各方面都很好，效率高、服務好，可是很可惜，他就是不會做人。他跟同事關係不是很好。不論在哪一個職場，如果有少數幾個人討厭你，是可以接受的，也許是因為搞小團體的緣故，但如果超

過五個以上的同僚不喜歡你，我會建議該位員工要自我檢討一下。

經歷太多人員訓練，我發現多數不覺得自己有問題的人，態度源自原生家庭。跟家人相處得好的人，比較沒有這樣的狀況，但若是這位員工在家裡就態度有問題，但家人習慣性縱容，等出了社會，可能也覺得別人應該要包容他。我覺得當你出門在外工作，跟你夥伴相處的時間，甚至會比和家人相處的時間還要久，你如果沒有辦法跟夥伴好好相處，那真的很可惜。

的確，每個技術者都有適合自己的工作方式，也不是說不好，他可能就是比較適合自己一個人做工作室，但就是沒有辦法做大了。因為你必須要有團隊的價值觀，又能與人有效的溝通才行。做不到的人真的很可惜，如果只有一個人，就只有一個人的效益，不是嗎？

員工愛抱怨
老闆不用親自上火線

難搞的員工，絕對不會覺得自己難搞。

　　每個能通過面試留下來工作的都是人才，本身條件一定不錯。我有一個員工，她已經在這團隊做了五、六年，但同事卻時常跑來跟我說：「這個人講話好機車，很容易讓人沮喪，而且有時她臉很臭，大家放畚箕都是輕輕放，她卻是亂丟，一聽到哐啷哐啷的聲音，大家就開始緊張！」其實，這個女員工一開始跟大家關係都很好，甚至跟其中一位員工關係超級好，可是很奇怪，到後來他們倆人之間的關係，卻一百八十度大轉變，完全變成敵人一般。

　　我觀察了幾次，當她開始心情不好時，就會出現一些舉動，比方說開始大力放東西，旁邊人的就會想：「她要開始生氣了！」、「她又要開始抱怨了嗎？」、「臉這麼臭是誰惹到她？」……結果整個團隊都跟著很不安也很不舒服。

她的去留會不會影響團隊？這問題我思考了很久。如果站在老闆的立場，大多只會在乎一個人的工作效率跟結果，但是她在人際相處上就是很難協調，很多人私底下會來找我抱怨一堆，也拉低了工作的氛圍。後來，光是聽這些抱怨就花了我很多時間，但我又很難去處理員工彼此之間的問題。最後，為了能專注在公司組織的發展上，我就把這些授權給店長處理了。**老闆就是老闆，要做好工作上的切割才可以管理多家店面。**

　　很多創業的老闆應該都有遇到過這類狀況，帶團隊、訓練員工都是小事，但對於改善員工之間的人際關係，真的很難得心應手，因為這牽涉到員工本身做人處事的方式。我建議創業者們，不要因為某人而被影響，應該要以公司整體大方向為重心。我覺得人與人之間私底下的相處，做老闆的沒辦法干涉，也不應該控制，此外，員工自己的重心，也應該放在做好服務顧客方面，產生效益，而不是重視個人和自我。對團隊來說，大家贏等於自己贏。所以，**老闆心裡要很明確「公歸公，私歸私」，員工彼此私下有沒有交集跟交情，不是你管理的範疇。**

　　員工有小抱怨，就算主管出來協調，也比不上團隊的力量。

雖然我曾經利用教育來改善這類事情，也曾經請他們到辦公室來好好的談，但都沒有用，因為一找過來，兩邊不是不說話，就是互相攻擊講對方壞話。

一旦團隊有嫌隙的狀況發生，一定至少會有一個人離職，這只是遲早的問題。「大家要體諒一下，老闆不好當呀，站在哪邊都不對。」人少的時候，協調者還可以兩邊都說好話安撫，但如果是管理大批的員工，很多狀況和小想法是不會被說出來的，所以只要你有一點被看不順眼，就有可能會被討厭，就算很小的事情，還是有人有辦法挑毛病。但如果你的人際關係很好，就算做了再多不好的事情，大家還是會願意包容。後來，不習慣的員工離開了，大家很明顯會發現，整個團隊的氛圍似乎愉快許多。

我們來自各個不同的領域，能在一起工作是種緣分，每個人都可以找到適合自己的工作團隊，除了工作上的互動，也要了解夥伴，懂得包容，就像自己的兄弟姊妹一樣，不是只有互相勉勵，還要互相滿足彼此的需求。所以，請到對的人、能跟著團隊走的人，真的很值得慶幸。但一開始比較看不出來，需要三、四個月的觀察期才行。

分享學習的快樂
協助別人就是成長自己

我有位朋友是網路拍賣網紅，銷售東西賣到幾百萬完全沒問題。過去曾用網紅的身分幫我寫推薦，讓很多人慕名而來。我常常遇到很多有能力的人，透過溝通，相互影響，異業結盟，有點類似水幫魚，魚幫水的感覺。社會上有很多專業的人、有能力的人，我覺得我朋友厲害的地方就是，他會先無條件付出幫助人，讓人感受到他的心意，對方會覺得他人很好，等到生意變好之後，就會自然而然反過來主動幫他。

來我這邊的師傅都進步神速，團隊支持是最大的動力。

我自己本身是一個非常熱愛學習的人，所以也非常鼓勵大家學習，了解大家的夢想，甚至鞭策大家的夢想，如果大家可以一起感受到工作的動力跟快樂，就會一起往前走。比如說，第一次學會了技巧，做了漂亮的美甲，聽到客戶說：「好看！」也會覺得非常有成就感。生活中美的事物越來越多，會讓生活

品質有明顯的改善，是非常好的循環。

一個人的學習是沒有止境的。有時候大家會跟我開玩笑：「該休息啦！賺這麼多，分一點給別人賺啦！」我就會跟她們分享：「除了賺錢，學習新東西也相當重要，有些人每天有很多時間，卻不知道怎麼規畫，可能浪費了很多可以學習新東西的機會，真的很可惜！我們應該把時間花在更有效益的地方。」

過去十三年的工作經驗讓我體會到，學習到一技之長就可以賺到生活費，但是透過不斷的學習，則是可以提升自己的生活品質，甚至可以擁有更多，包含事業、家庭、還有獨立的人生。

我永遠都覺得自己學習不夠，雖然大家都知道美甲產業有一個 KiKi 老師，但是當我跨足到其他美的產業時，又會覺得非常驚豔：「哇！這項技術也好美喔，好值得學習！」然後立刻開始學習新技術。熱蠟除毛也是、美睫及紋繡也是，不論什麼新技術，我都相當投入，甚至會拍影片上網跟大家分享。我非常喜歡跟別人分享，這樣大家才可以跟我一樣學習得更多、更快！

當然，面對每一次新的學習，都是一種新的挑戰，都會有未知跟恐懼，因為沒有嘗試過，所以會質疑自己的能力跟適應力是正常的。如果只有一個人單打獨鬥當然會很害怕，可是我們擁有彼此，團隊可以互相提醒，指出對方的狀況，有時候雖然出包多但笑料也多，不知不覺中就往前進了！所以，**展店開店的理財觀念很重要，要有平台很重要，但是團隊更重要。**

　　我們店裡面的員工，大家都滿樂意參加比賽和考試，有人相伴參加比賽和考試，雖然當下練習覺得超級辛苦，可是大家一起報名、一起練習、彼此鼓勵，就算有時候練習到晚上12點，隔天又得來工作，大家還是很開心！參加比賽的時候，還會互相加油，如果大家都通過了，就一起去慶祝，慢慢的，檢定也一級、一級都過了。只要有好的團隊，不知不覺就會把辛苦的路走完了，大家一起加油吧！

CHAPTER 5

自我管理，
是創業者的必修課程

你要學的不只有技術，

還有產銷、人事、財務都要學，

我們身為技術者起家的老闆，

各方面都要去涉略、都要懂，

這樣你才有可能帶出好團隊。

創業是幻想？
還是接二連三的夢想？

多數人都是跟著做，並沒有真正審視過自己內心的渴望。我從沒想過只做一人小店，自始至終都是計畫要創造出屬於自己的事業版圖。

「接觸指甲彩繪是因為覺得很漂亮，而且自己和別人都看得到。第一次做指甲的時候，心情非常興奮。那次是在中壢，原本心裡想：『一次要三千多塊好貴喔，而且沒多久就會掉了！』可是之後幾天，只要看到自己美美的手，就覺得充滿動力。當時我就想，未來我一定要做這方面的工作。」在演講的時候，我常笑說：「一切機緣都是從咬指甲開始。我可能容易緊張才喜歡咬指甲，所以手看起來都不太漂亮，只能羨慕別人。」自從做了第一次指甲，就一直期待學習更多美的事物，之後接觸了很多老師，每天都超級開心，因為大家都是朝共同

的方向前進。

　　大家都在說心想事成、心想事成，可是很多人都只有想，沒有真的去做，又怎麼會成功呢？台灣現在有很多人每天「幻想」要當老闆！是「幻想」還是「夢想」？很多人自己都搞不清楚，連去向人請教都怕，報名上課都懶。想要，就要去找方法！就像當時的我想要學美甲，當我一賺到六萬，就馬上花六萬去學一樣，只要有問題就馬上去問、去解決。越是讓夢想具體化，實現的機會就越高。

　　很多人問我：「KiKi，你 26 歲的時候在做什麼？」我回答：「我 26 歲的時候，在開目前這間百坪旗艦店。」現在有很多人，搞不懂自己要做什麼？有人 26 歲還想繼續念書，覺得未來茫茫，其實那根本是藉口，這年紀我早就已經開店很久了。

　　店裡擴大徵才的時候，我都會問朋友、家人要不要加入，一起學習。我覺得每個人都有自己的天賦跟強項，要謹慎思考

與自我分析。家人中如果有人很會念書，就鼓勵他一直念下去；如果說學校成績不是很好，我會提議：「要不要乾脆先不要念或者去讀夜校？」大家乍聽之下都會很訝異，也會回：「可是爸媽叫我讀大學呀！」那我就會反問：「念大學做什麼用？」

當然，我會先了解年輕人的職涯方向，不會強人所難，這樣才是真正為他們好。所以我絕對不會直接在叔叔、阿姨面前說，都是私下問，然後分析給對方聽：「目前你讀這些科系，未來會從事這類的相關行業嗎？如果沒有辦法考到軍公教的公職或相關資格，也就不可能繼續研究或是教書，那你念這麼高的學歷有什麼用？」他們剛開始一定都會有點排斥這樣的觀念，但我都會引導他們往長遠性去想。

多數人都不太清楚，學校的選擇，與工作上到底有什麼關聯性，但是如果你想做一個創業者，就需要非常了解自己的學習和想要的方向。像我計畫要出書，就會事先找個好老師學習優質演講做練習，這就是選擇！我常常跟員工分析：「你可以

繼續念書，但是可以念夜校，白天則去工作。」因為在 18、19 歲的時候，年輕就是本錢，大家都有很多選擇權，可以直接就出社會做正職工作，也可以選擇到便利商店打工，或是去接觸多種行業，先擁有經驗值，再來自我分析比較出未來自己適合什麼工作、可以做什麼工作，篩選後再以條件做選擇，看看哪個行業有未來性、開創性，之後的薪資會比較高，進而做出正確的決定。

FOLLOW YOUR HEART！我就是遵循自己的天賦而成功的！

信念創造實像
積極突破困境才能財源滾滾

頭過身就過，這句話講起來輕鬆，但是真正遇到了狀況，當下只有自己幫得了自己。

我很年輕就開了工作室，雖然離夢想前進了一步，也感謝這些知名美髮店等店家願意跟我配合，可是，這期間真正的辛酸跟內心的焦躁，只有自己知道。一開始懷著夢想打造工作室，卻因為沒有經驗，聽人家說美甲材料一定要用最好的，就都買貴的、買好的，當時就連裝潢也是自己發包，沒想過要估算成本，都聽師傅說好就好。結果，成本就破錶了，還沒有開始賺錢，準備的資金卻一下子花光光。當下唯一能做的，就只能不斷提升自己的服務，拉高服務價格，再慢慢打平收益。

可是命運總是愛捉弄人，屋漏就是會逢連夜雨，意料之外的狀況一直發生。

「什麼？約了卻沒有時間過來？好吧！」

工作室雖然後來生意不錯，但也常常接到這樣的電話，我只能苦惱在心裡。因為工作室在二樓，大多以預約的客人為主，所以客源比較不穩定，也有可能遇到沒人的時候。當時我都幻想自己生意很好來安撫自己。

我還記得那時有朋友問我：「你只有一個人，如果生意好的時候，應付得來嗎？」

沒錯，這是個好問題。於是我開始每天都很認真的練習技術，技術純熟的話，動作就會快，美甲是靠時間賺錢的行業，萬一客人多卻來不及多做，那就少賺了。而且，就是要趁有空，才能想想生意好的時候，要怎麼增加人手跟服務。所以遇到沒客人的空檔，剛好有時間能好好做規畫。

後來，生意越來越好，我心裡既開心又擔心。開心的是工作室終於有起色，擔心的是，室內只有幾張桌子擺在一起，客人越來越多，就會缺乏個人隱私空間，影響服務品質，加上因

為是在二樓，也有可能失去一些懶得上樓的客人。所以我決定物色新的店面，結束為期半年的工作室時光。

有人十分詫異：「還以為是因為生意不好才結束的。」我很老實的說：「如果是比照以前檳榔攤的投資報酬率來看，工作室確實沒有我預期的生意好，因為我想要賺更多，所以店面一定要換個比較好的位置。」事實上，工作室還是有賺錢，但是我更明白，不能永遠只靠預約客戶，如果是經營店面，將會吸引更多不同的族群，營業額也會提升很多。

有些道理，必須經歷實務經驗才能懂。比爾蓋茲曾經說：「人生最痛苦的事情，就是陷入惡性循環而永無翻身之力！」因為身邊遇過太多的例子，所以我真的懂得這句話的意思，**信念會影響最後大家過的生活**。

「我沒有錢啊！沒錢怎麼有辦法繳得起學費？沒錢又怎麼開店當老闆咧？」常常有人這樣對我說。不論是哪個時候，我都沒有想過有錢沒錢這個問題耶！有些人會陷入自己的問題，

一直在空轉。說真的，人會成功，就是因為會找方法，只要找到方法就一定會有改善，很多人都有成功的經驗，你可以去請教別人，或是去吸收新知識。

　　我很認同有些成功人士的成功公式。因為沒錢，所以想辦法也要去學習技能，然後用端正的心態，尋找賺錢的事業，自然就會開始存到錢，之後還是不斷學習，積極結識人脈，最後是越來越有錢。至於，哪種人會被淘汰呢？就是問完所有的問題，卻一直不去學習，或是一直不願改變自己思考模式的人，結果當然是依舊在原地，依然沒有錢。

把自己所想到的

一一執行絕不拖拉

先前有提過，我高中時經營過檳榔攤，那是一家很不一樣的檳榔攤，我做任何事情都喜歡有個人的風格跟特色。我當時還滿酷的，那時候周杰倫剛出道，看著他彈鋼琴的樣子，我就覺得如果女生會彈鋼琴，一定也很有氣質，於是下定決心要學鋼琴，馬上就自己買一台鋼琴，直接放在檳榔攤裡。那時店裡放了一張小桌子包檳榔，旁邊卻有一台大鋼琴。我也會買一些不同於傳統檳榔攤的器具來擺放，讓店裡的氛圍既漂亮又有氣質感。而開檳榔攤跟學指甲彩繪幾乎是同一時期的事，我就是這樣，一想到就去做，隨時在為下一步準備！

決定要開美甲工作室之後，我就開始找不同的知名美髮店談合作。我記得合約一簽好就很快開幕了。「這麼年輕就開業，你不怕吃虧或是生意不好？」很多人都會有這樣的疑問，但是我腦袋裡經常有很多想法，也很有主見，所以我都是用行動去

做，問了很多意見，就開始執行，動作快而且也絕對不拖拉。

「我問了很多人，每個人意見都不太相同，有人贊成、有人反對，我要想很久，畢竟我希望大家都能支持我。」聽到這種答案，我就會很鼓勵大家，自己要下定決心，畢竟，不是每個人都了解你要做的產業，也不是每個人都了解你對於工作的熱情，問了之後確定是可以做的，就要自己做決定，就要大膽往前走，只有做了才會知道問題，知道問題才可以快速修正方向。

我跟我老公認識之後，有問過他：「你未來想要做什麼？」他說想要當攝影師，我們兩個人就一直討論要怎麼達成、怎麼經營……然後開始設定步驟。我最不喜歡有些人把時間浪費在打線上遊戲，如果有時間打電動，為什麼不花時間去想辦法實現夢想？上天對人最公平的就是時間，每個人一天都是 24 小時，把時間花在哪裡，未來就會回報給你。有一次老公跟我講了件事：「我以前的朋友沒有變耶，他們當時說想自己做老闆，到現在也沒有進度。」我反問他：「為什麼只有你變了？」他

想了一下，明白了，原來是我們有討論、有行動、有目標，最終達成了階段性目標。

開了第一間工作室，半年內我就跟它說掰掰了，一點也不心疼，因為我找到了美甲一號店，是間二十五坪的一樓店面。開業嘛，就是需要更大、更好的空間，才能乘載跟實踐更大的夢想，不是嗎？**夢有多大，未來版圖就有多大。**

有效管理時間

才能有效管理生活與事業

　　有時候我會在臉書分享自己的家庭生活，「女兒從小就要自己吃飯，就算把地上弄得都是食物，也要學會獨立。」白手起家不容易，我深深了解獨立的重要性。當了媽媽後，又是創業者又是母親的角色，自然會想一步一步，手把手的教育自家小孩學習獨立。而在公司體制下，我希望能用「授權」代理，因為一家店有太多事情要做。

　　你有沒有發現，一家完善的店（公司），除了要固定做行銷活動、發表文宣，還有管帳以及一堆雜事等等。所以你要懂得分配工作，分配完就要讓員工去當領導者，透過執行過程，可以知道這位員工，到底擅不擅長處理某方面的事情，如果不太會的話，就要教他們怎麼做。雖然授權給他們做，但還是要懂得監督，而不是授權了之後就不聞不問，不管他們也不教他們。

　　「KiKi，你每天都這麼忙，怎麼有空學新東西，還有空出去玩？一定是因為你是老闆，所以事情都叫別人做。」很多人都會提出這個疑問，但是認識我的人都知道，我每天還是會學習新的技術，還是有時間看店務，也有空開車載夢芙的員工去考試，原因是我會積極主動看書並請教別人，做到有效的時間管理。

　　平常在換季的時候，我會把少用的生活用品「斷捨離」給淘汰掉。做事情也是一樣，「利落完成事情，盡可能讓生活單純」。身為一個動腦者，每天事情都有輕重緩急，最怕的就是全部糾纏在一起，所以除了要快速利落的完成事情，生活也要規律、單純，這樣就可以空出多一點時間，面對店務的變化。我雖然已經身為老闆多年，但是這些小細節、小習慣，從我是技術者的時候，就開始落實了，至今已經維持十三年，也正因為如此，才能讓我有更多時間去做更多事情。

　　每次我跟老公相處時，他都會聽到我講一句口頭禪：「我最討厭打電動的人了！」明明可以有很多時間，可以做很多不

同的事情，有些人卻無視的隨意浪費。我們每天除了把該做的事情排好外，連零散的時間也不要易輕易浪費，就算只有兩、三分鐘，你也可以拿來打個電話跟客戶問好或聊天，維繫客戶關係。「**人際關係不會花你太多時間，而且會有很多意料之外的效益產生。**」

徹底落實斷捨離
才能朝夢想前進

　　我常遇到很多沒有生活目標的人，其實，創業者想要規畫具體藍圖的話，目標的設定非常重要。很多創業家都只是做到個人工作室，然後就沒有成長了。很多時候是因為他們充滿負面的想法。怎麼說呢？有些人對待生活的方式有點怪，以我們一般人來說，都會想讓生活變得更好，其實找出方法就可以做到，但是那些人，可能徒有夢想，卻沒有實踐的勇氣，寧願一輩子領個兩萬、三萬就好，就是不敢去嘗試實踐夢想。

　　生活也需要整理一下，斷捨離才能繼續往前進。以前我偶爾會去參加同學聚會，大家就只是聊八卦之類的話題，幾次之後，我漸漸少去了，因為覺得很沒有意義。我平常很少會約朋友出來聊一些沒有意義的事情，如果是我的朋友，一定會被問：「你的夢想是什麼？」如果對方說得很不錯，我們才會有更進一步密集接觸，不是因為對方跟我交情好不好，而是我們需要有目標能夠一起前進，這樣會讓我更能專注在自己想要的生活

上。

我每一次跟別人接觸，別人對我的感覺，通常是覺得我很正面、很有能量，很希望能多瞭解與學習。後來我想了想，與其一個一個慢慢說，還不如出一本書傳授給大家。有時候女生想法很天真，假設工作不順利，就想隨便找個有錢的老公嫁，然後生小孩在家自己照顧，錢就花老公的。可是我覺得這是錯誤的觀念，如果你想改變，應該要先改變的是你自己！

有沒有思考過，為什麼你工作不順利？人際關係不好？業績不好？這些跟結不結婚完全沒有關係，不要在過了二、三十年之後想通了，才後悔說：「啊！早知道當時就不應該放棄工作。」那是你的理念，是你的事業還有夢想，它是可以與婚姻同時進行的，只是看你怎麼做。我發現很多人遇到挫折就會找各種藉口，當然每個人可以自由選擇自己的生活方式，學會在生活裡與目標無關的事情，但是，能夠做到斷捨離，將生活條理全部理清楚，才能經營一個事業體，這原理是相通的，「信念創造實像」。

蒐集資訊

善於經營自己

　　高中時，我不想靠爸媽，所以經營美甲工作室自己賺錢，打造自己的生活，雖然同學們都是高中生，開店時也是班上的男同學一起幫我組裝，但當時我已經不認為自己是小孩，出社會就算是大人了，要對自己的狀況負責，所以我賺了錢就去上自己想上的課程，而不是學校幫我們規畫的課業。先是美甲課程，後來是財務課程，只要是跟事業有關的課程，都讓我更有興趣學習。

　　如果你會搞創意，但不懂如何創業如何經營，就更應該主動學習。開第二間百坪店面，是我成長最多的時候。我常跟人說：「那時我支出超大，如果沒有學習控管財務，肯定會倒喔！」第二間店開始的前三年真的非常辛苦，還好當時另外一家店有賺不少錢，可以拿來補第二家店的虧損，因此兩相抵銷後，根本都沒有什麼盈餘。兩家店的帳務真的不太容易理清，

剛好我又懷孕了，於是乾脆利用時間，上一些課程，包括經營管理、會計師課程。

學習的時候，我會做一些基本功課，譬如說學繡眉，我一定會先去看臉書等網路資訊，然後主動跟老師聊天，評估一下狀況如何，就會知道自己可以做還是不能做。一開始的時候，一定要廣泛收集資訊，去做實務上的評估，然後才能真的知道到底這個項目可不可以執行。很多時候，嘴巴上講很多，卻沒有去實行，就永遠不會知道答案跟修正方式，一定要去做了，才能獲得更多。當然，事前跟事後都要抱持謙卑的態度。

以前我學美甲，需要買很多材料，如果一次學兩家，可能要花掉二、三十萬。那時我每天都坐車上台北，到大安區去練習，然後也很感謝客戶願意讓我累積經驗，當然，客戶層次不同，品味也就不同，可以讓我經驗更多。

每次學到新東西，客戶都會跟我說：「KiKi，你為什麼不早點學？早點學就都交給你做了！」剛開始有人願意給我做，

我會收基本費用，也要另外算材料費，等到操作的技術比較抓得到客戶感覺了，我一定會調整費用，因為這是一種對自己的肯定。當你的技術跟程度變好了，客戶就會改變，不要擔心沒有客戶找你，我們會找得到付得起錢的客戶。

美感的累積就是技術者的價值。許多人都很有美感也有美術天分，做出來的指甲相當美，但是卻不敢開價，這點我覺得很有趣，畢竟，美甲師雖然是技術者，但也有個人風格、美感和專業眼光，一定會有懂得品味的人，願意出等值的價格來讓我們服務。你必須要先設定自己的價值所在，因為，**什麼樣的服務跟品味，就會吸引到什麼樣的客戶層**，如果一直不去拉高自己的價值，自然就是只能吸引到喜愛那種價位的客層。

累積美感
建立個人品味與風格

美感可以造就自己的價值，但美感是需要練習跟累積的；天賦要跟興趣關聯，時尚也是要靠自己評估。

我熱愛美，也喜歡流行的東西，更想要分享給喜歡新東西的大家。每次分享的時候，也會聽到大家的想法。曾有人問我：「想要把指甲畫得很漂亮，需要有點天分吧？」其實每個人都擁有自己的天分，有些人很專業，可是卻嗅不到時尚的品味，就有點可惜。但是，美感和對流行的敏感度是可以培養的，就像我們每次學習新課程，一定會挑老師，會找要求比較高、具有流行趨勢的店家，學出來的品味肯定不會太差。

多方嘗試後，了解自己喜歡的方向很重要。如何了解現在的流行趨勢，可以從幾個方式入手，最簡單的就是多去找老師詢問、上網找資料；如果有閒有空，出國去旅遊也是不錯的觀摩見習機會。用心去觀察現在流行的指標有哪些，每個人都會

得到很多不同的感受與衝擊。

　　我喜歡工作與興趣結合，因為是自己喜歡的，美感就會提升很快。一開始就先做自己喜歡的風格，因為每個市場都有適合它的顧客群，漸漸就會培養出喜歡跟著自己的客戶。每個人的審美觀跟感受不同，身為一個美甲師，就是要去創造出自己的品味，做出自己比較會的風格跟賣點。

　　有些人會跟我說：「想要變成某某老師，但是品味好難學喔！」其實我覺得就是跟著趨勢走，在嘗試的過程中不斷摸索跟學習，漸漸的，除了技術越來越好，自己的價位跟品味也會提升。如此一來，就會增加新的客戶，也會有不同的品味衝擊。或許有些客戶還是喜歡原本的設計，但**不論你未來要走怎樣的美學趨勢，「要做自己的品牌，技術跟創新並進。」是唯一不變的真理。**

吃大餐、去旅遊
對自己好一點也算一種投資

雖然我存錢的時候很拼，但是我很會投資自己。偶爾犒賞自己吃一頓有品味的大餐，可以在不同的環境，觀察到不同品味的人。有時改變一下生活體驗，跟客戶才有聊天的話題。該存的錢要存，但是該花的錢也要花，有時候，**人生的層次來自於生活方式的累積，所以，累了就犒賞自己到高檔餐廳或飯店吃一頓美食吧！**

還有多去旅行。我每一年都會安排去旅行，有時候是跟家人團體出遊，有時候是自己出國洽公。每次旅遊都會遇到各式各樣的人，有機會與大家相處，也可以了解更多不同的生活品味。我會觀察對方吃的、用的和穿著，累積自己識人的敏感度。畢竟我們做的是服務業，長期服務不同的客戶，也要花心思去了解，什麼樣的客戶喜歡什麼樣的服務，如此一來，才能更貼

心的替客戶著想，創造一個愛與美的價值觀。

看的人多了，自然見多識廣，畢竟，這些經驗很難用言語或圖像形容，有時候因為社會階層與生活層面的不同，只能藉著這種機會體驗與觀察，累積自己的美感內涵。除了美感外，提供其他的軟性價值也很重要，透過一些改造，讓客戶變得更美更好，我們也會更開心。

當然，生活上有些事情未必如自己想像般順利。不論是跟男朋友談感情，還是過去開店時的緊張，多少都會影響到我的心情。很多人會問我：「為什麼你總是正能量滿滿，遇到什麼事情都這麼樂觀、積極？」我真的沒有特別做些什麼，可能是天生的吧！失戀了，工作不開心，或是有挫折的時候，我都不會讓這些負面情緒存在太久，很可能是我忙著讓自己成長，所以沒有時間停留在情緒的低潮中吧。

如何恢復正能量？我的方法真的不特別，只要大睡一場就

好。此外，不想讓自己沉溺在低潮期太久，也是我能夠迅速排除負能量的原因之一。我希望每天都做些跟自己未來有關的事情，所以開始養成習慣，每當遇到負能量爆棚、情緒過不去或是挫折時，就會做二件事情。第一件事，就是趕快想辦法解決問題；第二件就是睡覺，而且要足足睡滿十小時。

其實，只要以樂觀的態度面對負能量，沒有什麼坎是過不去的！不知道這些算不算小祕訣？但很樂意分享給大家！

CHAPTER 6

創意者創業時，
該有經營觀念

創業是一條不歸路，

也是一條自由的路，

如果懂得自律，有計畫、有規律，

幾年後會得到自由和高報酬。

如果不懂自律，沒有計畫性，

想做就做、不想做就不做，

也不學習求進步，

就很容易會掉到地獄。

長期在前線接觸客戶
培養趨勢敏感度

　　自己當上老闆之後，有一陣子我發現新東西出現，就發動員工去學習新技術。當時我還在做美甲，而美睫才剛起來，我一心想把美甲做好，所以將賺到的錢，投資員工去上美睫的課程，但是每個人對於新技術的敏感度不同，有些員工學一學，覺得沒興趣就沒再繼續研習，起初我也並不介意，就當作是賠了一筆錢。

　　第三章中，我有大致提及請美睫師合作的事，當時合作的結果並不是很好，細節我之後會再說明，但是合作雖然不算成功，我自己卻在那次共事中，深深察覺美睫是未來的趨勢，再加上我常常位在第一線，摸索事業的更多可能性，跟客戶聊天時，了解客戶對美睫的確有需求，所以我抱持著，希望有更多機會能服務客戶，就開始自己學習美睫。

我媽說我從小就很厲害，親朋好友們也覺得我很獨立，從出社會到現在，認識很多貴人，也受到很多人照顧，所以我常常跟老公說：「人際關係很重要！」某次演講時，有人問我怎麼交朋友，乍聽到這個問題時，我有點驚訝，因為我從沒有想過交朋友會是件難事，到處都有認識新朋友的機會，像我常去便利商店買東西，主動跟別人聊天，就可以交到新朋友，而且多數朋友還會幫我介紹客人，真的非常感激他們！

　　有關美的事情，也需要靠「聊天」來判斷市場。我通常會比同業先知道市場開始流行什麼新商品，我知道後，就會趕緊去學那一個商品。比如說當我發現「繡眉」有發展的可能，我一定會去跟專業老師聊天，搜索查看臉書等網路資訊，進而評估其發展性。老師聊起教學經驗，我就會知道可以做還是不能做，但新商品、新項目，在一開始的時候，有些資訊會來自國外，所以我們也要到現場去觀察學習，勘查現場很重要，會讓你感受比較深。

　　此外，我也會常出國，這樣容易遇到不同平台的前輩們，彼此分享更多的新知，除了店面外也能運用在平台。基本上就是要「早做早贏」。除了搶得先機外，還有一點，就是要夠「堅持」，**一間公司的開發力跟續航力一樣重要。**

創意結合實務
培養正確理財觀念

很多人有創業幻覺，不管三七二十一，什麼都不清楚就做了。其實，人事管理、財務、成本、廣告行銷、行銷網路、產品、市場狀況……等等，樣樣都需要經驗與學習。

我高中讀的是夜校，上電腦課時被老師問：「你怎麼還沒做功課？」我回答：「老師，我以後是要當老闆的耶，這些只要請員工幫我做就好了。」高中時期很多作業，都是請同學幫我做，因為當時我已經在做檳榔攤，很有大姊頭的風範，那個時候年紀輕，比較任性，只想做自己喜歡的事情。

曾有學生問我：「一開始創業，你覺得什麼讓你最辛苦？」說實在話，一開始，我沒有什麼財務跟成本的概念，因為開檳榔攤的時候，賺錢很容易。十多年前因為膽子很大，加上年輕有本錢，自然養成個不太好的心態，覺得「錢再賺就有了」。有些人說我很看得開，但是我現在回過頭想，覺得這樣的心態

有好有壞。

想要創業，基本財務概念還是要有，至少不要搞到負債。我一直都很幸運，有些錢很容易賺，買材料也相對容易，所以一開始我並沒有算成本的觀念，那時候只賺了一點錢，就跟很多人分享投資報酬率，然後跟人周轉創業金，而大家也都很信任我，就這樣傻傻的開始創業。因為有時候想太多是會消磨創業鬥志的，意見跟想法太多，反而會減弱了你的動力。

多數人創業的時候，最常遇到的就是「資金」來源問題。我也曾經亂買東西，亂買材料，浪費很多錢！所以只有創意跟美是不夠的，還要有周轉金的觀念。

比如說，我一開始想要擴展版圖，當然不可能有一大筆自備款，沒有資金就是要借錢，但要懂得盡可能降低風險。就像我們去買房子，有兩百萬是自備款，八百萬是貸款，如果要貸八百萬，就要仔細去算好每個月加上利息，大概需要多少錢。龐雜瑣碎的管銷，最好要有明確的資料，可惜多數人都沒有事先想好。開店的時候，不能只想到營收，也要先算好成本。只

計算總收入的理財觀念是不夠的！業績總額要扣掉人事成本、材料成本、還有水電，以及要付的利息錢、稅金等等。

　　每月攤還的金額，得是我們平常收入可以付得出來，且不會影響到生活。比如說：房子是好的負債，因為房子買了還可以租出去。要學會判斷什麼是好的負債，避開壞的負債，我以前讀過《富爸爸，窮爸爸》這本書，學到怎麼分辨好的跟壞的負債，也有上課玩過現金流遊戲，加上對賺錢這方面很有興趣，進一步去研究，才有了實戰的經驗。

什麼是資產？
什麼是負債？

　　理財跟買東西的概念很相近，我有一個高中同學，她也很愛美，當時我去學美甲，大概存了十多萬，有一天，我問她要不要一起去學習？她說：「不要，我想要投資自己身上，快速變美，所以打算花錢去隆乳。」我覺得投資自己很棒，但是我和她的兩種投資，雖然都是美的事情，可是觀念卻差很多，差別在哪裡呢？

　　我覺得是最大差別就是「產值」。

　　學習美甲是有未來性跟產值的，隆乳或許有機會嫁入豪門，但是對自己的未來規畫幫助不大，產值也不見得好。什麼是對自己真正有助益的投資呢？就要看大家各自的觀念，像我對於資產跟負債的定義，都是看我個人需要，判斷實用性，在買生財工具的時候，也是同樣觀念，**會幫你賺錢的是資產，不會回本的就是負債了**。有周轉資金需求時，要先想想看自己還

錢的能力。

我創業初始買了一台車，那時我貸款三年，一個月繳一萬四，只有這個讓我覺得是負債，加上車會折舊，但是經過自我評估，買車是「需要」不是「想要」，而且使用次數相當頻繁，所以買了。當時車貸五十萬，花三年繳完；如果我現在想要換名牌車，因為是「想要」，這樣我就會忍耐，不想要花這麼多錢在形同「負債」的車子上，但如果換車的原因，是因為小孩，有了安全性的「需求」，我就會換。可能對於一般年輕人來說，外在的模樣很重要，所以他們也許穿戴名牌，口袋內卻其實沒有錢，他們的支出都是不好的，會成為負債。

這些觀念，對於從技術者轉型創業者很重要，因為自己靠技術賺錢時，很快就可以存到錢，也不用花錢計算店面成本、人事成本、材料成本等等，帳務上比較單純。可是一旦轉型成經營者，要當 CEO 的話，很多事情都要先有原則、建立觀念，先想到再做好、想清楚再做，不衝動、仔細思考才是真的理財。觀念對了，用錢的方向才會對。

自從當了老闆後，我就開始做很多動腦的工作。

一個人對於投資自己的觀念，如果稍有偏差，就會走上不一樣的路。很多人會問，你很年輕時就創業，有沒有因此遇到什麼挫折？你的朋友圈中，是否因為你的創業，有些人會離開你，有些人會羨慕你，有些人會嫉妒你？

我讀高中夜校時，跟四名同學交情很好，其中一位的理財觀跟我較有出入，當時大家都很愛炫耀，這位同學會為了炫耀，借錢買摩托車之類的，可是，因為當時我已經在創業，慢慢建立了資產概念，就會跟對方說：「這些是沒有產值的東西，而且是會跌價的！」

也許一開始在理念上就出現歧異，後來我們生意越做越好，不知道是否因此導致這位同學自卑，最後他主動離開了朋友圈，之後就慢慢斷了聯絡，而我在工作跟創業上，要學習的東西越來越多，我也沒有時間可以感到難過。

借貸原則與金流的條件
保持良好信用關係

想要創業跟當 CEO，都先要有正確的「腦袋」，這些並不是學校會教的知識，很多都是要親身經歷過，才能得到的理財經驗。比如說「借貸原則」。

我剛開始從技術專業者轉換成經營者時，曾經借了五十萬元開店。親朋好友沒有因為我年輕而拒絕我，反而非常樂意。以下我就以個人經驗，跟大家說明剛剛提到的「借貸原則」，也可以說是金流的條件。

原則一：借貸一定要跟對方講清楚說明白。講明白錢會用在什麼地方。當然，利息是多少也要事前問清楚，不要不敢問。借貸的利息能低就盡量低，我過去曾借過最高的就是 6%，每個月利息錢很恐怖，於是很努力的盡快還完了。有了這次經驗值，後續如果有金流的調整，我個人可接受借貸支付利息的範圍，最多就是 1 ～ 2%，免得造成自己過大的還款負擔。

　　原則二：不怕跟親戚借貸，有錢大家賺。跟親戚借錢，有時候對方會不好意思拿利息，但是如果我有借，我一定會在善用這筆錢之後，讓對方也能一起賺錢，也會分利息給對方，因為這是一種貨暢其流的概念，金錢要有流動才會越來越多。

　　原則三：借貸一定要還，有借有還再借不難。很多人借錢時，容易忘記去累積「周轉信用」，意思就是，借了錢也不準時還，或是沒有準時交付利息。拜託！定時還款非常重要，不論是還給銀行，還是還給親戚朋友，信用都很重要，信用等同於你可以跟各方金流借多少錢，而且每個人要去設定借的額度。也就是說，剛開始跟銀行借十萬，不要老是還最低額度，要每次都還清，這樣銀行才會覺得你信用可靠，進而拉高你的借貸額度，可能從十萬升級成三十萬，最後我甚至可以設定借上百萬。只要信用好，銀行是非常願意借錢給你，作為創業投資的資本。

　　遵照以上原則運作後，我的生意越來越好，除了原本借貸的五十萬已經分期付清給朋友，也讓朋友賺了一些利息錢。所

以，朋友都很喜歡跟我互動，甚至找我跨業投資飲料店等。不論是金流還是人脈機會等等都一樣，觀念對了，才會有越來越多人願意投資你。

有錢的時候才要借貸
增加自己周轉的緩衝區

其實，應該在你有錢的時候借貸，而不是在你沒有錢的時候，才急著去借錢。因為你急著借錢，銀行開什麼條件你都沒有談判的空間，所以不容易爭取到好的條件，因此未來還款的負擔，可能會比原本預估的風險更大，貸款的利率若是太高，最後營收不夠好，還不出款項來，很可能影響信用甚至跳票。

有人跟我說：「就是沒錢，才要創業賺錢，怎麼理財？」我分享：「沒錢也有沒錢的優勢，因為沒錢的時候，會去想出辦法。」像我現在可能沒有這麼急著要錢，但會跟銀行保持好關係，試著去借出來看看，但不一定會用喔，因為這只是想要試看看可以跟銀行借到多少錢，利率會有多低，作為未來周轉資金的準備。

最近我得知原民會一直鼓勵創業者去借貸，很多人第一反應都是不喜歡借錢，但是我就會直接去問：「可以借到多少？」

服務人員跟我說：「可以借到約一千五百萬。」我就會接著思考要不要試著借借看，因為有了「執行」的念頭，接下來我就會問清楚「需要條件」，假設需要房子當擔保品，我們未來可以怎麼處理，那麼就算現在雖然沒有用到，未來有需要的時候，可以怎麼執行，有什麼樣的額度，這些疑問我都會列入規畫中。

跟銀行借貸是需要布局的，就是要有信用。信用證明包含了繳稅、正常的金額往來，當然還有薪資證明等，因為銀行就是看這些資料。一旦我借出來資金，就盡量放在有把握的地方，因為畢竟那不是你的錢，如果說你周轉不過來的話，就很危險。

很多人問我：「KiKi，你跟銀行借幾百萬這樣的信用關係，是怎麼培養起來的？」其實就只是借款、還款清清楚楚罷了。「我目前只借過兩次，一次是以原住民身分，利息很低，另外一次是青年創業貸款。」至於為什麼借得到呢？我覺得有兩個很主要的原因，一個就是我真的有一個店在營運，所以可以提供營運中店面的相關業績表單、報稅資料、以及店面租約……等等資料。另外一個原因，是有保人。擔保人的財務背景各方

面都很穩定，可以供銀行參考。

最後，我建議年輕人一定要辦信用卡，但也一定要能「全額繳清」。每個人都有薪資證明，也都有繳稅證明，這是辦信用卡最基本的信用證明。如果你連這些信用資料都沒有，任何銀行都一定不會貸款給你，因為他們會擔心你信用不好，別人也不敢當你的保人。

以上這些，都是培養信用關係的小方法。

再來就是擁有自己的房子，而且房貸一定要付清，這樣子你才有抵押品，就能夠貸更大的。還有一種方式，就是「集資」。目前我還沒用過這種方式，因為集資的風險較大。譬如說我要出一本書，如果你願意投資我，那我賣書有賺之後，會給你幾成的利潤。以前還有人是利用「跟會」周轉，但不論如何，我還是覺得穩定存錢、賺錢，跟銀行往來是最佳的經營方式。

創意者不能單打獨鬥
要懂得將心比心經營團隊

很多人想要開店，不想做工作室，可是卻不了解經營管理，這樣店一開下去是很吃虧的！因為既要忙開發客源，又要忙記帳，還要考慮到人員流動……所以開店之前，一定要先確定自己的經營管理模式。

創意者常常隨性做事情，但我們創業者不是。想要有格局跟規模，就要有團隊的管理方針。比如說，我會把一整年的規畫整理出來，我們的晨會也有 SOP。

有一回莊老師來我們店裡看晨會，非常驚訝：「他們怎麼在做體操？」我解釋這也算是一種團隊秩序。莊老師還問我：「我以為那是偶爾而已，結果是每天，做完體操之後要幹嘛？」那次是連續三天的課程，每日做完體操後，要集體去打掃店裡。

店面人員的經營，氛圍很重要。晨會我請幹部布達事情跟

做早操。大多數人在早上的時候，表情並不大好，甚至可能因為前一晚跟男朋友約會，或去喝酒宿醉等緣故，情緒悶悶的，我覺得早上每個人的氣色非常重要，一起做早操是一個很好的轉換，附帶好處還可以變瘦！團隊互動也可以讓大家提升感情、提振精神，互動方式有幾種，第一、我們會站成一排，然後有人帶操；第二、相親相愛很重要，早操會留一段時間讓大家互相擁抱。

在台大演講的時候，也有分享很多管理層面的資料，其中包括店面訓練的 SOP，透過週會、技術訓練、績效報告、愛心慈善活動等等的店內活動，目的是打造一個愛與美的世界。以前比較特別的是，愛心慈善活動一年會有兩次，有一年還去做淨灘活動，透過這類活動，能讓大家體會幫助別人的同理心。雖然說我們不是很有錢，但也要懂得幫助別人，工作之餘也要理解自己工作的意義。

創造店面的品牌週年慶，對於很多品牌來說，也是創造消費者印象的時機，所以我們的策略，是將週年慶固定在七月，

就如同百貨公司的週年慶一樣，不會變來變去，這樣消費者就會有印象，也會提升觀感。所以透過公司制度化，有些一定要去做的大方向，就一定要固定下來，讓大家有共同的遵循方向。

我曾經因為女兒莫名其妙大哭而求醫：「為什麼女兒有時候會突然在半夜哭，甚至要哭到兩三個小時？」醫生告訴我，一歲左右的小孩，有時不是因為肚子餓或無理取鬧而哭，多是源於心理需求。聽完，我心中產生一個大問號：「嬰兒會有什麼心理需求？」醫生說：「是不是因為你都沒有陪她？」我才回想到前一陣子，的確因為做簡報，沒有什麼時間能夠陪她。

你看！連一個嬰兒都有想要被了解的需求，更何況是大人。我覺得經營者更應該重視這一塊，就是你的夥伴為什麼要工作？他們在工作中希望得到什麼？他們想要學習什麼？我們到底要怎麼幫助他們？……能夠協助、滿足員工的需求，是我們經營者應該要了解的思維，並且要透過溝通來達到。

「KiKi 以前超嚴格，每天上班完都一定要練習，但是現在我很感謝她。」過去的員工曾經這樣講過。

　　我在草創期，採用「權威方式」經營管理，早上一定要八點到，練習工作也一定要到晚上七、八點，因為是公司規定，讓員工們都不敢說不。現在因為公司已進入穩定期，加上勞基法規定改變，就改成「僕人式」領導方式，也就是客戶第一、員工第二、老闆第三。這是因為我在工作中漸漸體認到，員工站在第一線其實很辛苦，像是必須忍耐和應付部分不講理的客人等等。一家店生意要穩定，滿足客戶需求很重要，我們做老闆的如果能滿足員工需求，將心比心，那員工也會懂得滿足客戶需求。

　　所以，建議大家訂定管理方式時，可參考以下原則：

一、引導確切方向，帶領員工前進；

二、說到做到；

三、獎罰分明；

四、授權帶領。

人心難測
最怕遇上違約糾紛

之前提到,我也想要發展美睫,於是找了一個合作夥伴,將場地借給對方,比照百貨公司或是其他平台的上架費用。

結果,對方來公司的時間並不一定,導致客人也產生疑惑。

很多時候,技術者有了平台,卻沒有辦法成功轉型,就是因為這些「隨性」。

類似這樣的合作方式,如果今天來上班,然後明天就不來了,會亂了我們公司的形象。

我認為,即使是借用平台,價值觀跟思維仍要有共識,儘管是合夥關係,也不可以「你只做你的,我只做我的」。

簡單來說,如果我今天是要走中高階級的客戶,一定要有一些規矩,不可以亂來,譬如今天客人來,我們會先做手部的

消毒以及一些基本流程，跟客戶的應對，不能出現很不好的態度；家有家規，店裡當然也有店規，可是合作對象因為不算是我請的員工，有時就不太能夠接受約束。

「某些規定，我要求合作對象會像要求員工那般遵從，比如早上要一起開晨會。讓他們可以了解公司的文化，了解美甲師，也了解美甲師這個產業。」這對他們有什麼好處？「你看喔！假設我們有十個美甲師，每一位都幫他大力宣傳，那他就會有很多的客戶。當時他是轉業轉美睫，我們很努力幫他做宣傳，也有做網路行銷，畢竟我們也希望能幫助到他，有點像是想把他捧紅，而且都沒有跟他額外收錢……」

天下沒有白吃的午餐，只是很多人都忘了「感恩」。與這位美睫師夥伴的合作過程，帶給我很多感觸。與他合作了一年，他的生意變得很不錯，客人多到他自己也請人幫忙，我覺得很棒！雖然一開始是我們平台協助他找到客人，但後來他自己也有客戶可以分享給其他美甲師，這就是平台能快速累積客源的好處。我們設定好的平台，就可以找到「對的客人」。

可惜，沒多久，他覺得可以自立了，於是想提前解約，但當初我們簽的是兩年約，他提出時才過了一年……人心是會變的，轉變的時候往往都有自己的說詞。這位夥伴說他因為個人負債過多，周轉不過來的緣故而要離開。

當初講好兩年是一個期限，雙方都認同才簽約，如果中途離開的話，依約要賠十五萬，但美睫夥伴不想依約行事，而且態度越來越糟糕，所以我就直接把話講開：「依照合約，違約要賠償違約金，但我會私下打折，為什麼必須按照規矩行事，因為下面的人都在看，我還要帶人啊！有一就會有二，萬一第二個來說上一個就沒有繳違約金，我該怎麼辦？這是原則性的問題。」帶人是一門學問，合作就更是要有原則！

對方也有點任性的跟我說：「雖然我也知道，走了以後你們會有很多客戶問題，但我並不記得我們簽下的是兩年約，不能讓我說走就走。」到最後，我們終究沒辦法向他索取違約金。「為什麼不能要對方賠錢？」律師回答我：「當時你並沒有看清楚合約，那上頭寫的是聘僱合約，不是合作合約，他就

是咬定這一點，如果你堅持要他賠錢的話，他就會到勞工局檢舉你。」我這才知道，對方為了能順利離開，一開始就處心積慮找了很多我的失誤，和法律上的漏洞。

當時我真的覺得很挫折，曾經信任的夥伴最後卻變成這樣。

他一走了之，我們不但要安撫客戶們的情緒及詢問，也要重新讓顧客適應我們的品牌。我終於理解，我所承擔的合作風險。經歷了這件事情，我們彼此都很不開心，更揪心的是，沒多久他自己另外開了一間店，這跟當初說的「因為負債所以需要更多現金而要離開」的理由，完全不同！

因為我從來都誠心相信人，所以一開始很難接受，朋友叫我不要放在心上，他說：「因為很少人會想到團結合作才能成功。人是互相的，生活中很多事會需要別人的幫忙，所以要感恩別人給的機會，不知感恩的人是不會成功的。」聽了這番話，我的心裡好過一點，也感謝他狠狠幫我上了一堂課。

經過這次教訓，我學到很多法律上的狀況，合約上的法律條文絕不能馬虎，合作對象也一定要精挑細選，合作的事全部要白紙黑字有憑有據。我建議大家要跟別人合作之前，要有長遠的考量，就像個人負債一開始就應該列入考量。合作經驗又是一種學習！不是不能幫人，而是要慎選有志一同的人一起為事業打拚。

害人之心不可有
防人之心不可無

　　昔日合作夥伴開了新的店，過沒幾個月，我卻遇到國稅局查訪。

　　我常覺得處理事情並不是不能感情用事，但還是要有原則在。合作夥伴求去的事件，發生在我懷孕的期間，對方把他的家人全都帶來，在我們公司協商，搞得我情緒相當不穩定。甚至，事情過後幾個月，居然有疑似國稅局的神祕客來查訪，當然我們向來照流程報稅，沒在怕的，但是感覺就是很不舒服。

　　當時適逢過年期間，我們店面生意很好，店裡很忙，而我剛坐完月子，員工跟我說收到國稅局報表，我跟會計第一時間直覺，認為起因來自離開的合作夥伴，因為店裡使用的系統，我有分享一組密碼給員工，大家隨時可透過手機查看內容。「這是我要去改進的地方，因為我太信任人了，我從來沒有換過密碼。」遇到這種事情，我不打算得過且過！第一時間我先聯絡

軟體公司，說被駭客入侵了，看有什麼辦法，可以找出這個人，我決心一定要抓到這個人，同時需要給員工一次機會教育。

我事前有先告知員工們，店中發生的事件，大家知道後都很訝異！我也說一定會查出來。很幸運的是，一個禮拜就查出，對方是拿著自己的手機，在家中登入我們系統。警員們把所有上網的 ip 位置查出來，也詢問我們誰最可疑，因為合作夥伴事件的時間點太近了，猜測是他的可能性最高，過了沒多久，他就收到法院傳票，這種是刑事責任，要坐牢的。對方一緊張就趕緊打電話給我想要和解，當時請律師處理，律師要求他在臉書上刊登道歉文，事後我也沒有再追究責任。很妙的是，大家都有共同的朋友，所以這事當時也沸沸揚揚了好一陣子。

這一次的教訓，讓我學到，「我相信人，覺得別人不會害我，大家就是互相幫忙，但是事實上並不是如此。」其實，我覺得經營事業，難免有是非，最好的狀況是要懂得「良性競爭」。最後，還是以和為貴，真心祝福對方。

跨行投資要小心！
沒賺錢還難脫手

「KiKi 我覺得你這樣賺太辛苦！我們這有開飲料店的經驗，要不要來一起加盟投資，就能有被動收入！」因為美甲行業是技術性的行業，需要人力跟專業訓練，飲料相比之下門檻不高，我就爽快答應了。

「那需要買什麼？」我一如往常，很認真的添購了很多生財器具，可是因為飲料的技術大同小異，我對於飲料市場跟客人需求也不太了解，結果經營飲料店小虧了一些錢。那時候花了一百八十萬左右，才開八個月，資金就不夠了，於是毅然決然收掉飲料店。

「你不是開過美甲店跟檳榔攤了，怎麼還會賠錢？」有人這樣問我。

其實，雖然買賣經營的流程好像很類似，但不同產業，就

有不同的趨勢跟客戶狀況，我可以掌握的條件變少了，我必須詢問朋友：「茶葉要從哪裡進？成本怎麼計算？」但那時候，他幾乎都不太跟我細講，加上我的美甲店面生意又太好，幾乎沒有辦法兩頭兼顧，所以最後看帳冊的時候，才發現居然賠錢了！我也很頭大，當下便決定收掉，然後擴大換點到文信路開美甲店，開了兩層樓共 40 坪的店。

我原本以為會賺錢的飲料店，因為經營投資觀念不正確，所以資產就變成了負債。想要便宜把店面頂給人家，對方還想連器具都一起便宜收購，這樣算下來，幾個月的業績剛剛好打平，單純就是學到了一個經驗：「不熟的產業不要碰。」

不是什麼樣的店面都會賺錢，有時候，除了投資眼光，也要有自己的專業度。最後是拜託好多朋友，才好不容易把飲料店頂給別人，真是慘痛！

勇於嘗試新趨勢
隨時迎接變動性

多數有經驗的業界前輩可能會嗅到趨勢，但是我覺得下一步會不會嘗試，跟個性有關。有些人會覺得壓力很大，就保持原本的狀態，很多人始終用一項技術做到底，最後可能會讓客戶覺得沒有新鮮感；但如果是我，我的個性就是做一件事情，一定會把它做好，不僅僅會去多方吸收新知，而且會算出投資報酬率。

有人會問我：「KiKi，新東西很少人做，萬一學費賺不回來怎麼辦？」剛開始聽到這問題，覺得很訝異，因為這狀況很少會發生在我身上。之前接觸美睫，是優先請店裡的師傅去學，後來因為我也喜歡，才和團隊一起進修。「其實當初花十萬學美甲，我也曾經覺得好貴，於是我就決定，開業後一定要在一個月內賺回來，所以一學完就很快去找客人，而且半年內就去考乙級證照。對於新的技術，客戶也相當開心，因為可以有更

多的選擇，我因此持續增加個人品牌競爭力。

當然，有時候我也會遇到一些年輕人，說自己沒有長才，但又不願意接受新東西⋯⋯我常跟大家聊天，會聽到有些人說：「我不知道怎麼累積一技之長，也不知道自己對哪方面比較了解，更看不出什麼是趨勢。」其實，這些都要靠長期培養、多方嘗試。因為人一定要多方嘗試，才能夠慢慢知道自己喜歡什麼，就像我也是從去學紋繡之後，才喜歡上這東西，進而評估出這項新趨勢的投資報酬率。

還有一點，以前會覺得自己是藝術家兼生意人，現在店面做比較大，會去計算成本、支出，感覺更偏向生意人了。除了生意人和藝術家外，我還是個教育者，不論是自我成長還是訓練員工，除了憑感覺學習，也要在實務上提升。

我的老師說過：「學紋繡的人也不少，但就是不見得能走完這條路。主要原因是，它雖然是個新趨勢，但學費不便宜，一次就要花費十萬。更何況師父領進門，修行在個人，我教你，

可是你到底會多少，又是另外一回事了。你可以跟老師一直學，但有些人學到一半就沒錢了，也有些人遇到挫折就放棄了。」

任何一項新趨勢，都有優點也有風險。優勢是沒人嘗試過，容易引人目光，相對的，風險就是很多人因為不清楚狀況，所以不見得認同。因此，開創新趨勢也許會遇到賠錢的狀況，在學習新東西之前，要有謹慎的心態。像我之前的老師就曾經說過：「有位學生學完以後，幫一位客人用上下眼線，結果那位客人之後眼睛疑似腫了起來，就醫後在家休養六天，不但要求退款，還要求賠償他六天的薪水，非常麻煩。遇到類似這樣的事情，很多人就會打退堂鼓。」

所以，面對新趨勢也要心臟夠強大，要有新的風險評估。

價格取決於價值

專業是值得付費的

既然要從藝術家變成創業家，就要懂得拉高自己的價值。

我先生是一位攝影工作者，攝影也是一門專業技術。有些人會說，我自己拍，跟攝影師拍，好像差不多，為什麼要付這麼高的攝影費用？因為，攝影師有豐富的專業實務經驗、判斷力和專業美學素養，這就是專業工作者的價值。台灣的社會，因為不尊重專業的人太多，連專業都不尊重專業，許多的專業被踐踏蹂躪，所以人才開始出走。

我曾經在經理人雜誌裡面看過，有些人要求專業、速度，但是又要挑價格，這是不可能的，因為要專業又快，就是要付出高一點的價格，所以，同理可見，只有先創造品牌的價值，才能提高自己的價格。有些人會說，她自己可以開一間個人工作室，但是卻沒有辦法變成一個品牌，原因就在此。美學概念設計師跟美甲工作室給人家的感覺，就可能產生等級上的差

異，進而影響到消費者願意付費的價格。

每個人都知道，我是 17 歲就展開全方位美麗事業的夢想，從美甲、美睫、除毛、紋繡等等，我覺得不論是自己，還是事業，身為女人一定要讓自己漂亮、有內涵，加上財富自由，致力於當個有影響力的人。當我們的影響力提升了，也不需要再用價格做比較。

這是一個美的產業，也是專業的產業，我們需要經過很多美甲師的考試，以及需要通過市場認證的專業，大家都認同的技術才有價值。如果今天提供的服務，是客戶有需要的，他們當然願意付出等值的價格，「因為專業所以才有價值」；反之，如果大家雖然有需要，卻不願意付出等值的費用，那收費就只能一直低廉。

有一回，一個顧客來到我們竹北旗艦店，她說：「我希望用短時間就可以把指甲做好，又要漂亮。」我問他：「你有預算嗎？」她說：「我就是相信你們的專業，所以我願意花多一

點錢也沒關係。」夢芙妞就是要做到在客戶心目中是專業跟頂尖的。

我們有時候會忘了，美甲設計師不僅僅是藝術工作者，也是專業服務人員，就以美髮業來說，同樣剪頭髮，有人選擇 100 元快剪，有人選擇 1,000 元，甚至是 5,000 元的設計師操刀；消費者付的錢，不是以時間計價，而是以設計師的專業素養或者美學素養。兩個人想要的不一樣，找便宜的店家的人，目標可能只是把頭髮剪短，但是我們夢芙妞的大部分客戶，都是想要最新、最美、最適合自己的美甲造型設計，而我們的美甲師，經過非常多的培訓過程後，已成為價值 1,000 元的設計師。

一路走來，我們擁有完善的教育訓練，花了很多學費做足功課，還不斷進修，才擁有這樣的價值與價格。我常講要多方嘗試，每一個設計師，都要不斷學習新的趨勢，美學也有潮流性，如果設計師以同一套手法持續十年，市場上的接受度肯定會變，屆時他是否仍值 1,000 元？

當然，這個論點在任何產業，都是成立的。

我一直很敢開價，因為我覺得只要能力夠了，客戶就會願意買單。當客戶感覺到服務、品質、專業都物超所值，他就願意付費，而且還會一直來，這就是品牌所帶來的價值感，就像你會質疑一輛雙 B，只是有個車體、四個輪子、一個引擎和一個方向盤，為什麼要比別的車賣得貴嗎？如果你不會這樣質疑，那麼你就不應該質疑專業的服務，甚至我們要做到美甲業裡的勞斯萊斯，讓大家想到尊榮的服務，就想到夢芙妞。

我衷心希望台灣的美甲業可以踏出去國際舞台，可以讓世界上更多人看到，這是一個有未來、值得尊重的產業！所以我們有教育訓練、有系統化、有行銷平台，相信企業版圖可以越來越大。

特別收錄
微創迷思 Q&A

擁有興趣、夢想和一技之長真的很棒！

肯努力做、認真規畫、投資技術，

就有可能變千萬富翁

行行出狀元，只要行動就有機會！

什麼是微型創業？

微型創業是指資本額不多，從業人數少於五人的企業。也就是說，以低資本、低人力來進行創業及管理，將有限資源投入關鍵性專業商品（服務），即為微型創業的概念。

 創業的原因是什麼很重要嗎？

總歸一句：千萬不要衝動創業，經營管理要想清楚、按部就班來。

你的創業原因如果是想嘗試一下當老闆的感覺，表示你只是抱持玩一玩的心態，除非你手頭上閒錢很多，否則勸你還是罷手吧！但如果你的創業原因，是想將此當成一個志業，當作功成名就的墊腳石，那麼，就請勇往直前吧！有野心的創業原因，代表你有明確的想法，這樣才能規畫出好的創業藍圖與實踐動力。

假設你想要賣吃的，應該先以你店面方圓一公里內的相關店家作為競爭對手，分析他們的特色與優缺點，想辦法截長補短，隨時注意對方動態，隨時想著要如何做，才能做得比他們好，而不是一開始只拿那些連鎖店家、大品牌來比較，這樣根本一點都不實際，還沒有任何基礎就好高騖遠，恐怕會摔得很慘。

又如果，你連分析競爭對手的優缺點都做不到，就代表你根本沒有準備好進入這個創業戰場，因為當你開業推出商品時，對方沒多久就能將你分析透徹，若不知己知彼，創業恐怕就是你失業的開始。

什麼買賣適合微型創業？

做什麼事來創業比較適合呢？你最喜歡、最擅長的事。

只有你最喜歡、最擅長的事，才能令你有勇往直前的動力與用心投入的熱情。只要一點點「知識的差距」，就有可能創

造大的商機。網路如今無遠弗屆,任何冷門的資訊都可以搜尋得到,最重要的是,可以輕易找到同好或需求者。因此,再小的市場都存在客戶,任何的專業也有它的利基,這就是你可以善加利用的機會。

大家都在說心想事成、心想事成,可是很多人都只有想,沒有真的去做,又怎麼會成功呢?台灣現在有很多人每天「幻想」要當老闆。既然想要,就要去找方法。就像當時的我想要學美甲,一賺到錢就馬上拿去報名上課一樣,越是讓夢想具體化,實現的機會就越高。

大家都有很多選擇權,可以先多去接觸不同行業,先擁有經驗值,才能自我分析比較出,未來自己適合什麼工作、可以做什麼工作,篩選後再以條件做選擇,看看哪個行業有未來性、開創性,之後的薪資會比較高,進而做出正確的決定。只要模式對了,創業就容易成功。

但是,為什麼還是有那麼多專業技術者選擇創業,最後卻

慘澹收場呢？這是因為很多創業者，到後來不懂得轉變身分，以經營者的角度，管理自己的事業（公司）。因為經營事業不是單單只靠專業技術，而是還要具備管理能力，所以必須不斷吸收新知充實自己，並隨時注意潮流的動向才行！

經營者必須擁有的心態？

我們做技術業的，如果是經營個人工作室，只需要把行銷和顧客管理做好，大致上生意就會還不錯了。

但是，如果今天經營的是公司、是要做團隊，那身為老闆的你，該學會的不是只有技術，還要懂很多方面的技能，例如產銷、人資、財會等等都要學，就算只是學個皮毛也好。身為技術者的老闆，我們要廣泛去學習，什麼相關的都要懂，這樣你才有可能經營好公司、帶出好團隊。

同行越來越多，表面上看起來是越來越競爭、越來越難做，但事實上是大家越來越專業、越來越精益求精。看著店家一間

一間倒，又一間一間開，簡直就像是洗牌，可事實上卻是在「洗人」。市場競爭就像是一輪又一輪的學力測試，淘汰不懂技術、不懂規律、不懂歸零學習的人。停在原地不學習進修的人、急功近利的人，都無法在市場生存。只有腳踏實地、真正用心經營、堅持品質與技術服務的人，才會是最大贏家。

你要賣什麼產品？應該只有你自己最清楚

想要創業，那你心中一定已經有一張夢想藍圖。你要賣什麼產品或服務，只有你自己最清楚。

每個人的背景和人脈各有不同，建議可以從自己的興趣和擅長的區塊著手。所以，你要先確認，你想要賣什麼？這項商品有什麼特色？它的客層是哪些人？可以有哪些行銷方式？……諸如此類的問題都必須先釐清。

為什麼說，要從自己的興趣和擅長的區塊著手呢？因為此時你要自己去審察這個規畫中的商品，在市場上的競爭狀況到

底如何，也要自己去思考，有什麼賣點可以贏過其他競爭者。這時候，如果面對的，正是你的興趣，或是擅長的區塊，執行起來會更有動力，也更得心應手，再加上如果你有這方面的人脈，就更是相得益彰。這樣一來，你會比那些從零開始、白紙一片的人，要站得更高一等，起步會快些，成功的機率也會高一些。

只要你絕對清楚瞭解自己的產品，就能快速掌握市場趨勢脈動，鎖定目標客層與有效行銷方式。擁有先機與獨特性，客戶自然會聚集而來，開發客源也能輕鬆許多。

 ## 關於員工的管理？

我在台大產業趨勢演講中，曾經談到面試這個話題。「如果未來你要面試人員，最少要面試個兩三次。」台下有很多人一臉茫然不明白「為什麼要這樣？」也有人覺得這樣「好麻煩！」事實上，透過多次面試的過程當中，我們能夠互相加深

彼此的認識，應徵者可以瞭解到公司的運作，面試者也可以觀察，對方是不是真的喜歡這個工作。面試期間甚至可以互加臉書，透過網路資訊，理解他平時都在觀看什麼、接觸什麼。所以不論是老闆或是員工，經營自己的臉書形象是很重要的一件事，這也是互相取得信任的第一步。

帶員工不容易，所以要先有共同的價值觀，大家能一起遵守，工作上就會有共識。例如夢芙妞的價值觀有三項：1. 宗旨第一、團隊第二、個人第三；2. 大家贏我才贏；3. 第一時間請與第一人處理。再來就是要讓大家有互助意識。

很多創業的老闆，應該都有遇到過這類狀況，帶團隊、訓練員工都是小事，但改善員工之間的人際關係真的很難，因為這牽涉到員工本身做人處事的方式。我建議創業者們，不要因為某人而被影響，應該要以公司整體大方向為重心。我覺得人與人之間私底下的相處，做老闆的沒辦法干涉，也不應該控制，此外，員工自己的重心，也應該放在做好服務顧客方面，產生效益，而不是重視個人和自我。對團隊來說，大家贏等於自己

贏。所以，老闆心裡要很明確「公歸公，私歸私」，員工彼此私下有沒有交集跟交情，不是你管理的範疇。

如何做到成功的有效行銷？

說到行銷，大家耳熟能詳的不外乎：價格操作、削價競爭、媒體噱頭等五花八門的行銷術。但是不管是哪一種行銷法，有實質的效率才是最重要的。

以前最土法煉鋼的，就是發 DM。請員工去發、請工讀生去發，但是現在卻不太適合了，為什麼？因為現代是網路世代、3C 至上，雖然區域性行業的店家發放 DM 比較精準，卻很辛苦，而且只適合用在市區或者鬧區。

我從來都不排斥採用新的行銷廣告方式，甚至包括花錢買廣告。只要達到有效、精準的目標，錢就等於花在刀口上。以前臉書打廣告是不用錢的，當時效果就很好，可是現在臉書廣告要收費，你就還是得花這筆錢打廣告，畢竟，好的文案也要

被看見才算是有效行銷。

此外，我也利用一些軟體系統，管理客戶資料與活動效果，以瞭解客戶喜好與需求。不受歡迎的贈品不會再贈送，效果不好的活動不會再做……如此便能針對商品、客戶、季節，定期設計好的會員優惠。其實很多行業都這樣做，但能不能長期落實與達到有效行銷才是關鍵。

當然，最直接的還是要常與客戶面對面的接觸，以交朋友的心態聊天，瞭解客戶、深入客戶，這樣你才能知道客戶真正需要的是什麼。如此一來，推出能解決客戶煩惱的商品，讓客戶感到「就是這個」、「這正是我要的」，就是最成功的行銷。

 ## 創業成功的關鍵要素是什麼？

俗話說「謀事在人，成事在天」，只要事情做好、做滿，相信時機一到，成功肯定是必然。

既然是創業，就一定要讓客戶認同，建立客戶信心，這樣才能透過口碑讓業績越來越好。也正因為如此，你一定要多認識些人，建立自己的人脈平臺，誠信待人，廣結善緣，有朝一日得到的回饋，說不定連你自己都會嚇一跳。

　　我跟每一個客戶往來，並不是以「客尊己卑」的模式，而是搏感情、交心的，所以大家都是朋友，互相尊重。我覺得，擁有專業的服務以及專業的環境，讓客人感覺賓至如歸很重要，因為最能吸引客戶、讓客戶喜歡我們的服務、我們的專業。

　　除了專業外，你的產品比別人好在哪裡，也很重要。每個行業都有很多人在做一樣的事情，所以你應該要思考，你的產品或服務，如何能脫穎而出？如何能吸引客戶？只要能抓準產品訴求的特色，也就等於成功了一半。再來就是你個人的經營管理能力了。

　　除了隨時充實自己的新知外，業務、行銷、帳務等，都要學、要懂、要拿捏清楚，如果沒有時間親自管理，就聘請專業

人士協助處理。有些創業者，不但做校長還兼撞鐘，讓自己忙得團團轉，這樣又怎麼能專心致力於公司經營發展呢？也有些創業者將私人領域和事業重疊，最後造成難以區隔、混淆不清，也是影響經營管理的敗筆之一。所以，一定要明白的是：老闆就是老闆，要做好工作上的切割，才可以管理更多重要的事情。老闆心裡要很明確「公歸公，私歸私」，不是你管理的範疇，就交給該負責的專業人才去處理，老闆最重要的工作，就是掌控公司的重大經營決策與方向。

創業這條路有那麼好走嗎？

我說過：「創業就是一條不歸路，也是一條自由的路。」創業對我來說，每一天都如履薄冰、戰戰兢兢，沒有進步就等於退步，所以時時刻刻要激勵自己、給自己信心，不要害怕不要畏懼。

所謂「創業」，不是開了店面，就可以翹二郎腿坐享其成

了。創業是一場長期戰爭，要成功就要懂得自律，猶如二十里行軍，有計畫、有規律的實踐你的想法，幾年後一定會得到你想要的自由和高報酬。但如果不懂得自律，沒有計劃性的想做就做、不想做就不做，不去學習，也不去充實自己，就會很容易掉到地獄。

絕對要懂得投資自己。記得剛出社會、年紀輕輕的我，就超敢投資自己，十七歲工作時月收入六萬，第一個月我就花光六萬投資自己去學習。當時，太保守的銀行定存我都不存，因為投資報酬率太低了，我深信年輕就是本錢，所以我把賺來的錢，全數投資自己的腦袋和雙手。我認為充實自己，要比存錢重要，反正成功賺大錢只是早晚的問題。

竹北從十三年前原本只有幾間小小的美甲店，到現在至少有 100 坪美甲美睫除毛紋繡店，連外行人都想投資。這十三年看到許多店家開了倒、倒了又開，那畫面真的讓人好有感觸。每一行都非常競爭，但始終還是會有生意特別好和特別不好的店家。

其實，失敗也是一種資產，是一種難得可貴的經驗。我開店也失敗過好幾次，失敗了，即使賠盡幾百萬，卻會累積非常多將來受用的寶貴經驗。創業過程中所獲得的營運管理經驗，以及各種專業能力，絕對是無價的寶藏。

女力！微型創業必修心法

投入小資本，創造屬於自己的事業版圖

作　　　者／周怡君
攝　　　影／曾鈺鈞 TH-Wed 影像工作
造　　　型／謝函師 函師新娘秘書造型工作室
文 字 整 理／廖翊君文字團隊。張寶寶，蕭合儀
出 版 經 紀／廖翊君
美 術 編 輯／申朗創意

總　 編　 輯／賈俊國
副 總 編 輯／蘇士尹
編　　　輯／高懿萩
行 銷 企 畫／張莉滎・廖可筠・蕭羽猜

發　 行　 人／何飛鵬
法 律 顧 問／元禾法律事務所王子文律師
出　　　版／布克文化出版事業部
　　　　　　台北市中山區民生東路二段 141 號 8 樓
　　　　　　電話：（02）2500-7008 傳真：（02）2502-7676
　　　　　　Email：sbooker.service@cite.com.tw
發　　　行／英屬蓋曼群島商家庭傳媒股份有限公司城邦分公司
　　　　　　台北市中山區民生東路二段 141 號 2 樓
　　　　　　書虫客服服務專線：（02）2500-7718；2500-7719
　　　　　　24 小時傳真專線：（02）2500-1990；2500-1991
　　　　　　劃撥帳號：19863813；戶名：書虫股份有限公司
　　　　　　讀者服務信箱：service@readingclub.com.tw
香港發行所／城邦（香港）出版集團有限公司
　　　　　　香港灣仔駱克道 193 號東超商業中心 1 樓
　　　　　　電話：+852-2508-6231　　傳真：+852-2578-9337
　　　　　　Email：hkcite@biznetvigator.com
馬新發行所／城邦（馬新）出版集團 Cité（M）Sdn. Bhd.
　　　　　　41, Jalan Radin Anum, Bandar Baru Sri Petaling,
　　　　　　57000 Kuala Lumpur, Malaysia
　　　　　　電話：+603- 9057-8822　　傳真：+603- 9057-6622
　　　　　　Email：cite@cite.com.my
印　　　刷／卡樂彩色製版印刷有限公司
初　　　版／2017 年（民 106）10 月
售　　　價／300 元
I S B N／978-986-95516-2-5

國家圖書館預行編目 (CIP) 資料

女力！微型創業必修心法：投入小資本，創造屬於自己的
事業版圖／周怡君著．-- 初版．-- 臺北市：布克文化出版：
家庭傳媒城邦分公司發行, 民 106.10
　面；　公分
ISBN 978-986-95516-2-5(平裝)

1. 創業 2. 企業管理

494.1　　　　　　　　　　　　　　　106018614

城邦讀書花園　布克文化
www.cite.com.tw　www.sbooker.com.tw